相分離生物学の冒険

分子の「あいだ」に生命は宿る

白木賢太郎

みすず書房

相分離生物学の冒険　目次

第1章　命は分子のあいだに宿る

I

　息子は強烈な食物アレルギーを持って生まれてきた。肉も魚も卵もダメで、小麦や果物にも強く反応し、安心して食べられるのは、ゆきひかりという北海道で昔ながらに作られているお米と、地元の茨城県で無農薬で作られている虫食いが少しあるような野菜だけだった。ダニにもカビにも花粉にもアレルギー反応を示し、段ボール箱やテープなどの化学物質や、外食したときのコップに残ったわずかな合成洗剤にも反応した。

　小さいころは本当に大変だった。原因もわからぬまま全身をかきむしることもあった。妻が抱っこしながらさすってやり、夜通し起きている日もあった。三つ上のまだ小さい姉が起き出してきて、ティッシュの箱を差し出しながら、「おかあさん、なみだふいてね」と言ったこともあった。

　幼稚園に通っているころ、間違えてクルミを食べたことがあった。おなかがいたいと便所に入ったが、すぐに「目が見えない」という声が聞こえてきた。顔が2倍に腫れていた。信号三つ先にある近所の救急病院で強力なステロイド剤の点滴を受けると、嘘のように腫れがおさまった。この強烈な薬の効能を見て、それがかえって恐ろしく感じられたものだった。「ボク、点滴は慣れているから」と強がってみせる母親思いの小さい体の、ほんのわずか先には死がつきまとっていた。

10歳を過ぎるとずいぶんよくなり、コンビニのお弁当を食べたいと言い出したことがあった。本人なりの経験によって、具材がそれほど多くなく海苔が主役で安全そうに見えるのり弁当を選び、翌日が休みの土曜日の昼に食べてみたのである。いつもよりゆっくり味わって食べていたのだが、食べ終わったあと、「思ったよりも、おいしいものじゃなかった」と言った。その一言に心の底から笑ったのを思い出す。

高校3年生の今では多くのものが食べられるようになった。鶏肉は古くなるとアレルギーが出やすいとか、クルミや桃などは食べないようにしているとか、心がける点はあるが、心配は少なくなっている。いつの間にか私よりも背が高くなり、サッカーをしたりバンドをしたりと活発な青年に育っている。

生命の奥義伝を手にする

お腹いっぱいになると、もう食事は終わったように思える。しかし、食べることに少しずつ慣らしていった過程を思い返すと、私たちが自覚できないこの先に、生命の本質がひそんでいると推測できる。

食物は、分解されたあと吸収され、エネルギーに変わったり、または細胞を構成する分子の一部になったりした挙句に、腹のまわりに蓄積する。このプロセスを専門用語で代謝（メタボリズム）という。代謝の概念自体は、高校生の息子が『生物基礎』で学んでいるほど初歩的なものだ。

少し復習すると、私たちは有機物を食べて消化し、ATPというエネルギーを運ぶ物質を合成する。このプロセスを「異化」という。こんどはこのエネルギーなどを使って、私たちの身体を構成するために必要な有機物を合成していく。この過程を「同化」という。この一連の化学反応を経て、異物である食べ物が、ようやく私たちの血肉になる。その過程は、酵素が触媒となって進めている。

この「代謝」という言葉が包含する反応の体系が、私たちの想像をはるかに超えて複雑なものであることを知るためには、理科系の大学に進学して生化学や分子生物学などの講義を受け、教科書を紐解く必要がある。この貴重な経験をした人は、残念ながらそう多くない。

私の場合、それはハードカバーの上下巻からなる教科書『ヴォート生化学』を手にした、理学部生物学科の2年生のときに始まった。数学も物理も日本史もロシア語も、どの科目でもそつなくこなしてきたが、この本を読んだとき、初めて途方にくれた。序文の書き出しには「本書は1990年代のための生化学の集大成である」とある。まさに、分子レベルでの生命科学が大発展したそれまでの研究成果をまとめたもので、生体分子の特徴から、代謝の反応の全体や遺伝子の発現の精緻な仕組みまでを、A4に2段組で（今にして思えば）たった1100ページに収めた、歴史に残る名著だ。

当時はインターネットもない時代で、情報源はもっぱら本だった。この大部の本をぱらぱら見ながら、まさか3単位くらいの講義で全部はやらないだろうと高をくくり、他方ではこれを隅々まで系統的に理解すれば、生命とは何かが理解できるのではないかと思ったものだった。生命を理解するための奥義伝を手にした気持ちになり、小口が真っ黒になるほど読み込んだ。そして、わかった部分がある一方で、どうにも腑に落ちない部分が残った。

それから30年が過ぎた今でも、大学の仕事机の前に、新しい専門書などといっしょにこの上下巻を並べてある。生命とは何かを理解しようと思った原郷がここにあるからだ。

この章では、この奥義伝を手にしたときの最初の感動と、そして膨大な数の科学者が導き出した説明だけではどうにも納得できなかったこと、そしてその先に今まさに開かれつつある新領域について紹介していきたい。

代謝マップのターミナル駅

『ヴォート生化学』の中でとりわけ印象深かったのが、代謝マップである。細胞内に生じる代謝の反応の全体を1枚の仮想的な地図に整理したものだ。代謝マップは東京の路線図に似ていて、代謝される分子が駅に、駅と駅を結ぶ線路が、酵素が触媒する反応に当たる。ローカル線のように一本道が続くところもあれば、いくつも枝分かれのあるターミナル駅もある。

インターネットで「代謝マップ」や「metabolism map」で検索して、そのうちどれでもよいので、ひとつを選んで見ていただきたい。さまざまなバリエーションの代謝マップがありえるのだが、ほとんどは1983年に出版された『The Cell』初版のシンプルな意匠が基本となっている（**図1**）。代謝マップの中央には「解糖系」が置かれている。これは最古の代謝経路で、酸素のない環境で生きる嫌気性の真正細菌やアーキアにもあるものだ。この代謝のメインストリームの始発駅はグルコースである。まっすぐ下に進んでいくと、10個ほどの反応を経て、ピルビン酸やアセチルCoAという物質にたどりつく。これらの分子からは驚くほど多くの線が出ており、次にどのような分子に変換されるのかは未定だ。いわば、ピルビン酸やアセチルCoAは代謝マップのターミナル駅である。

アセチルCoAの行き先はさまざまだが、目立つのは円環状に並んだ山手線のような反応群である。これが有名なクエン酸回路だ。駅は九つあり、山手線の内外へところどころ線路が延びている。ここではアセチルCoAのアセチル基をふたつの二酸化炭素にまで分解し、その過程で還元物質などのエネルギー物質に変換する。二酸化炭素はエネルギーを取り尽くした最終物質なので、体外に排出するしかない。つまり、呼気である。食べ物がやがて気体となり、呼気になって出ていくというのは、理屈ではわかっていても不思議なものだ。

ターミナル駅から別の地域に向かってみよう。アセチルCoAから取り出した二つの炭素を7回結合すれば、脂質の基本となるパルミチン酸ができる。この辺りは、生化学の教科書を読む面白さを覚えたころに一度は心惹かれる反応だ。この反応を触媒するのは脂肪酸シンターゼと呼ばれる酵素群で、かなり複雑な反応を担う超分子構造体を持つ。超分子とは、複数の分子が組み合わさってできた複合分子のことである。教科書には当たり前のように書かれているのだが、このような超分子がどのよう

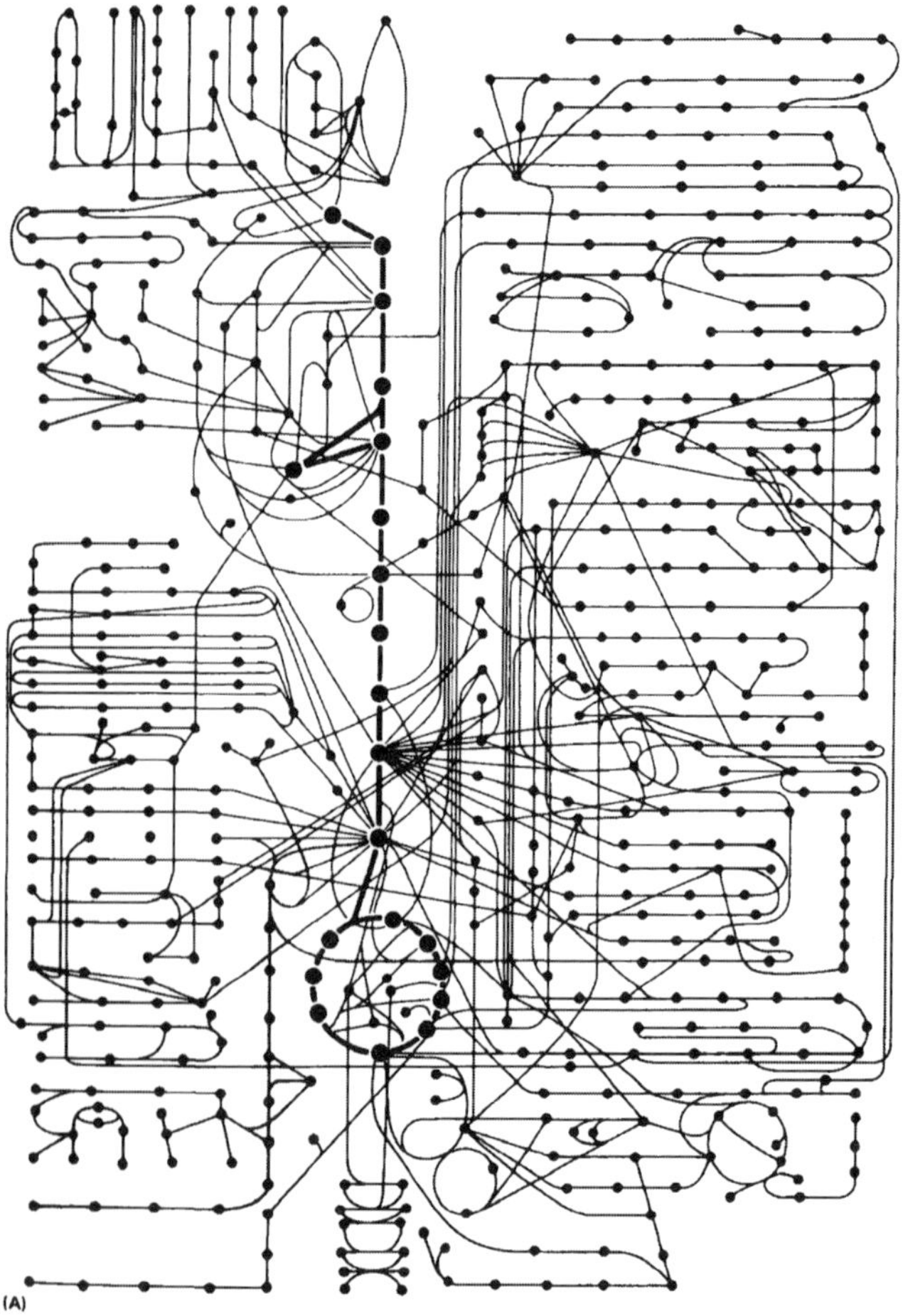

(A)

図 1　代謝マップ（Srere, P. A., 'Complexes of sequential metabolic enzymes,' *Annu. Rev. Biochem.*, 56, pp. 89–124, 1987.）

な仕組みで形成されるのか、また、必要に応じて形成されるのか、常在しているのかなど、具体的に想像しようとするといろいろと疑問が出てくる。熱力学的にこの形状が安定だから形成されやすいのだとしても、このような分子レベルで熱力学が成立するのだろうか。しかし、それらの答えは生化学のぶ厚い本のどこにも書かれていない。ただ超分子の構造体ができて働いている様子がカタログのように記されているだけだ。こんなふうにいくつものタンパク質を見ていくと、一歩奥に隠れている仕組みに興味がわいてくる。素晴らしい設計だが、どのようにしてこんな精緻なデザインが実装されているのだろう。

すべての物質はつながっている

この興味深い路線図をもう少しだけ巡ってみたい。代謝マップの右上にはDNAやRNAが描かれている。DNAやRNAの基本単位はヌクレオチドといい、塩基と糖質とリン酸基の三つの部分からなる。この構造がいろいろな物質の基本構造にもなっているのは、生体分子の存在と分子進化を考える上で面白い特徴だ。たとえば、エネルギー通貨として働くATPや、代謝のターミナル駅であるアセチルCoAも類似の構造を持ち、補酵素のNADHやFADH2も骨格は同じだ。DNAとして遺伝情報を保存したり、ATPとしてエネルギーを運んだり、アセチルCoAとして代謝の重要な反応中間体になったりと、ほとんど同じ構造をしているのに多彩な役割を担えるのである。

ここで、分子をひとつ拡大して見てみよう。たとえば、プリン環と呼ばれる二つの輪からなる分子

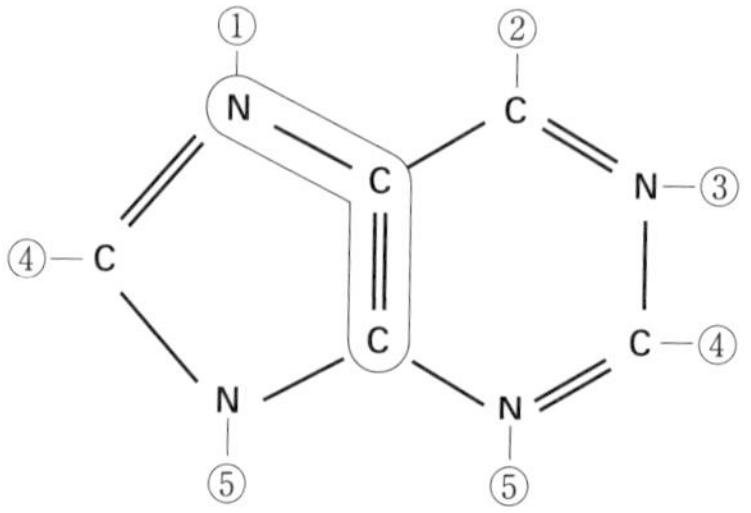

図２　プリン環を構成する原子の由来

①グリシン由来　④ギ酸塩由来
②炭酸水素イオン由来　⑤グルタミン由来
③アスパラギン酸由来

がある（**図２**）。プリン環はＤＮＡやＲＮＡの塩基の一種だが、この分子を形成する原子の由来をひとつずつたどってみると、グリシンやアスパラギン酸やグルタミンからきた原子がある一方で、ギ酸や炭酸からきた原子もある。まさにキメラのような分子である。

これはプリン環に限ったことではない。有機分子は多様な分子を材料に作られる。これはすべての有機分子の本質である。細胞内にある分子は、代謝されて別の分子の一部になったり、ときにはタンパク質や長いＲＮＡなどの一部になったり、分解されて尿素や二酸化炭素として細胞外に排出されたりしている。このような原子レベルでの物質の流れを作っているのが代謝なのである。

つまり、すべての物質はつながっているのだ。アミノ酸も糖質も、コレステロールのような複雑な構造を持つ化合物も、ＤＮＡのもとになるヌクレオチドも、ため息に含まれる二酸化炭素も、すべて1枚の代謝マップのどこかに描くことができ、原子はさまざまな分子の一部になりながらその上を移動している。この化学反応を触媒しているのが、細胞内に何百種類も何千種類もある酵素である。各分子は代謝マップの駅に、酵素は線路に相当する。

この精緻さに感動すればするほど、どのような仕組みなのか知りたくなってくる。

細胞には線路がない

のり弁当を食べると、体内ではさっそくいろいろな酵素が働きはじめ、代謝マップという架空の路線図に沿って反応が進む。たとえばお米は、グルコースという比較的小さな単糖にまで分解されたあと、解糖系のメインストリームを通り、10個ほどの酵素によって反応が進められてピルビン酸にまで分解が進む。それと同時にＡＴＰが合成される。さらには池袋駅のようなアセチルＣｏＡを経てクエン酸回路に入ったり、アミノ酸や脂質やプリン環になったりして、やがて数時間から数十時間もすれば、のり弁当は、私の身体のあらゆる部分のあらゆる有機物の一部になっていく。

ここで、ちょっと不思議な気がしないだろうか？　もし代謝マップが本物の路線図なのだとすれば、それを見ながら池袋や秋葉原や赤羽や、またはつくばや熱海や新大阪にも行くことができる。だが、細胞内には線路はないのだ。線路のように描かれている線は、酵素がある分子から別の分子へと反応を触媒するという意味にすぎない。確かに細胞内にはさまざまな種類の酵素があって、それぞれは駅と駅とを結ぶように反応を触媒しているのだが、路線図のように平面の上に整然と並んでいるわけではない。細胞の中には何千種類もの酵素の他に、タンパク質や糖質や脂質や、アミノ酸やビタミンやイオンも含まれている。実際の細胞では、この複雑な鉄道はいったいどうやって運行されているのだろうか？

いっしょくたになっていても、案外なんとかなるのだろうか。ここで実際に実験をしてみたい。解糖系やクエン酸回路で働く酵素や、途中で必要となる補酵素や基質などを、試薬メーカーから購入する。反応に必要な酵素などをすべて試験管に入れ、そこにスタート物質となるグルコースを加えてみよう。——しかし、実験してみるとわかる通り、連続的な反応は進まないのである。

生きた状態は不均一な状態である

ここで考えている解糖系やクエン酸回路のすべての酵素は、私が大学2年生のときに購入した教科書にすでに明記されている。それから30年もの時が過ぎ、私が結婚をして、娘が大学生に、息子が高校生になるあいだに酵素学者や生物工学者や構造生物学者などの研究者がさらに研究を深めてきたはずだ。それぞれの酵素はオングストローム（100億分の1メートル）の分解能で立体構造が明らかにされ、反応の一つ一つに生じる電子の動きなどは超高速分光法で実測され、または量子化学の理論計算でさらに精密に理解されてきただろう。酵素反応に最適な温度やｐＨやイオン強度なども完全にわかっているはずだ。すべての酵素について、十分すぎるほど理解されているにもかかわらず、なぜこういう連続的な反応が、ビーカーの中で再現できないのだろう？　言い換えると、反応を理解するだけでは、何が足りないのだろうか。

生きた細胞と、あらゆる生体分子を含むけれど生きていないビーカーの違いは、いったい何だろう。生きた状態とは、簡単にいうと物質の「濃度むら」のある状態のことである。秩序立っているとか、非平衡状態であるとか、エントロピーが低いとか、さまざまな表現が可能だが、いずれにせよ言いたいことは同じだ。いろいろ混じったものを放置しておけばだんだんランダムになっていく性質を「熱力学第二法則」といい、これは現在のところ科学の世界でもっとも信頼のおける法則である（エントロピー増大の法則などともいう）。生物とは、このランダムになろうとする自然界の動向に逆らい、エネルギーを利用して局所的に秩序を作るものであると言える。

そのような構造を作るには、まず仕切りで区画化し、その内部を自分であると定義する必要がある。仕切りと言えば、まず思い浮かぶのは生体膜である。生体膜は、脂質二重膜とそこに埋め込まれたタンパク質からなる平面状の構造を持つ。水分子やイオンなどの小さいものも通さないので、物質を区画化できる。

事実、すべての細胞は脂質膜で区切られている。生物は、外部から取り込んだエネルギーや有機物質を利用して、内部に循環的な化学反応系を作り出し、現状と同じ状態を維持している。この「同じ状態」のことを恒常性（ホメオスタシス）といい、構成する物質は入れ替わりながらも同じ状態を保つことを「恒常性を保つ」などという。

そして、区画化は細胞の内外だけではなく細胞内でも行われている。細胞の中でも真核細胞になると、自他を区切る生体膜だけでなく、細胞小器官（オルガネラ）と呼ばれる生体膜をもつ複雑な構造がさらに発達している。DNAがおさめられた核や、クエン酸回路があるミトコンドリア、タンパク質や脂質の合成が行われる小胞体など、オルガネラの内外や、または表面で、それぞれ異なる働きをもつ酵素やタンパク質が働いている。これが細胞内の区画の代表的なものである。

ここでようやく、さきほどの疑問に戻ってくる。細胞の中にある物質は、試験管の中身のようにただランダムに散らばっているのではなく、区画化されているのである。しかしこう聞くと、また疑問が湧いてこないだろうか。代謝マップの膨大な反応を混線させないようにするには、いったいいくつ仕切りがいるのだろう？

液－液相分離で自らが機能を局所化している

実は、細胞の中には仕切りのない区画化もある、というのが答えである。酵素やタンパク質やRNAは自ら集まる性質があるので、条件によっては勝手に集合して機能を局所的に集約できるのだ。この集合物は、かつて生命の起源に迫ったオパーリンが名付けたコアセルベートという名で呼ばれることもあるし、もっと単純にはゲルや、コンデンセート（濃縮体）や、ドロプレット（液滴）と呼ばれることもある。本書ではこれをドロプレットと呼びたい。

いま生命科学の分野のトップジャーナルの論文をにぎわせているのが、このドロプレットの形成の原理とされる「液－液相分離」である。液－液相分離とは、水溶液が二つの層に分離する現象のことをいう。水と油の分離も液－液相分離である。溶液熱力学の分野では古くからある用語だが、これが生命科学とリンクするとは、最近まで誰も想像していなかった。

原理はそう難しいものではない。2種類の高分子が、たとえば一方がプラスの電荷を持ち、他方がマイナスの電荷を持っていれば、電荷の相互作用によって引き合うことで集合する。このようなポリイオンコンプレックスもドロプレットの一種である。

また逆に、互いに混じり合わない分子は、水と油のように、二つの層に分かれる。たとえばポリエチレングリコールとデキストランのように水になじみやすい水溶性ポリマーを10％くらいの濃度で混ぜると相分離する。なぜこういうふうに分離するのかというと、それぞれのポリマーはそれ自身や水とはなじみやすいが、互いにはなじみにくいためである。こういう溶液を水性2相溶液ということもある。

このように、有機分子はほかの有機分子と集まったり、または離れたりする性質がある。そして、その結果小さな区画ができると、その内側と外側で溶液の性質が異なるので、ある分子が区画の内部に集まりやすくなったり、またある分子が外部に排除されたりするだろう。すると、ある反応がものすごく進みやすくなったり、別の反応が止まったりもするだろう。どのタイプの区画ができるのかによって、進みやすい反応も決まってくる。このような区画を考えると、冒頭の精緻な代謝マップを実装する足がかりが見えてこないだろうか。溶液中に物質が溶けるとか溶けないとかいうごく単純な現象が、分子に命を宿す鍵を担っているのだ。

細胞をすりつぶすと何が失われるのか？

現代の私たちは、生体分子に関してかなり詳細な情報を手にしている。ヒトゲノム計画は20年前にほぼ終わっているし、DNA配列は2億種類以上がデータベースに登録されている。細胞内にある遺伝情報の全転写産物（トランスクリプトーム）や、全タンパク質（プロテオーム）の分析の分野では、最近では機械学習と組み合わされて網羅的に情報が集められており、タンパク質の立体構造データバンクには約20万種類以上も登録されているのだ。X線結晶構造解析の他に、多次元核磁気共鳴法やクライオ電子顕微鏡や原子間力顕微鏡などの開発も進み、光の波長限界を超える超高解像度の蛍光顕微鏡も普及してきた。分子そのものを見る方法は、もう十分だと言えるレベルに達しているのが生命科学の現状である。

一方で、分子と分子を組み合わせて生きた状態にすることは現在も難しい課題だ。ビーカーに酵素をたくさん入れても連続反応が進まない、という段階にとどまっている。たとえば、ナノテクを駆使して、細胞のサイズを模した空間にナノピンセットでひとつずつ酵素を並べてみることができたとしても、生きた状態にはならない。ここで抜け落ちているのは、分子と分子とをつなぐ部分についての理解である。

いま、手元に生きている細胞があるとしよう。培養細胞とか単細胞生物などでもよいが、この細胞を、すり鉢に入れてごりごりとすりつぶすと死んでしまう。ここではいったい何が失われるのだろうか？　分子は共有結合（化学結合）で形成されたものである。すり鉢でごりごりするくらいでは化学結合は壊れない。だが細胞は死ぬのだ。つまり、ここで失われるのは、分子ではなく分子と分子のあいだに働く相互作用であると想像できる。

分子と分子の相互作用を主役にし、分子ではなく分子集合物を生命の理解の単位にする。このような見方による新しい生命科学を「相分離生物学」という。欧米の学会では２０１８年ごろからシンポジウムなどで目立つようになってきたテーマだ。日本の学会に相分離生物学という用語が登場したのは第71回日本細胞生物学会・第19回日本蛋白質科学会の合同年会が開催された２０１９年春のことである。初の教科書が上梓されたのは２０１９年夏になる。

相分離生物学は、分子によって詳細に理解されてきた世界を生きた状態へとつなぐことができる分野である。物質と細胞のあいだにあるメソスコピックな領域の研究が進むことで、生きた状態がようやく理解できるようになる。生化学や分子生物学の分厚い教科書を、生きものを理解するための奥義伝に変える分野と言ってもいい。

これまでの生物学は、複雑で多様な反応に直接関わる分子に注目してきた。その反応の背景にある、変動する泡沫の環境を主題にすることで、何が見えるのだろうか。本書では、その可能性の一端を紹介したい。

第2章　1億倍の加速装置

分子生物学は、体内での化学反応がどのように進むのか、そのときにどのような分子が関わり、分子がどのように変化するのかに注目してきた。いわば、代謝マップに載っているような、生物に特有の分子群に生命が宿ると考えていたわけだ。しかし、生きている細胞をミキサーにかけるだけで死んでしまうことからわかるように、分子を壊さなくても、分子と分子との関係を壊すだけで細胞は死ぬ。分子と分子のあいだに生命が宿るとすれば、その場を支配する物理法則はどういうものなのだろうか？

分子をとりまく場を構成するのもまた、分子である。あるタンパク質の分子のまわりには水分子やイオンがあり、他のタンパク質やアミノ酸やRNAなどがある——ただしそれらの分子は、反応には直接関わらずに、分子と分子の間に働く弱い相互作用に支配されながら、流動性のある液体としてふるまっている。分子には互いに反発して散らばろうとする力と、相互作用して集合しようとする力が常に作用しており、そのバランスで、分散した状態になるのか集合した状態になるのかが決まる。

水の中に少量の有機分子を加えただけだと、基本的には分子は集合せずに分散した状態になる。つまり、水に溶ける。だが過剰に有機分子があれば集合する。細胞内にはきわめて高濃度のタンパク質やRNAなどの有機分子がある。有機分子は、水中で高濃度に存在する場合は集まる性質が現れ、高分子であるほどその性質が強まる。つまり、有機分子の集合と、水分子の集合に分離する。この現象を液‐液相分離といい、液‐液相分離して形成された状態をドロプレットということは、前章でも紹介した。ドロプレットはあくまでも液体の性質から生じるものであり、界面に脂質膜のような仕切りがあるわけではない。そのため、水やタンパク質などの構成分子は自由に内外に出入りできる。

ドロプレットの再現実験

このような分子の集合と離散の状態変化を実験で再現することができる。**図3**は液‐液相分離によるタンパク質のドロプレットの形成と溶解の実験を示している。**図3‐1**は、オボアルブミンというタンパク質の水溶液である。卵白の成分の半分がこのオボアルブミンで、ありふれたタンパク質のひとつだ。大きさはせいぜい数ナノメートル程度であり、可視光の波長である数百ナノメートルよりも十分に小さい。そのため、**1**のように水溶液中に分散している場合には透明に見える。ここに、卵白リゾチームというタンパク質の水溶液を加える（**2**）。すると、**3**のように白濁した状態になる。これは、オボアルブミンとリゾチームが集まった結果、可視光の波長よりも大きな集合体が無数に形成

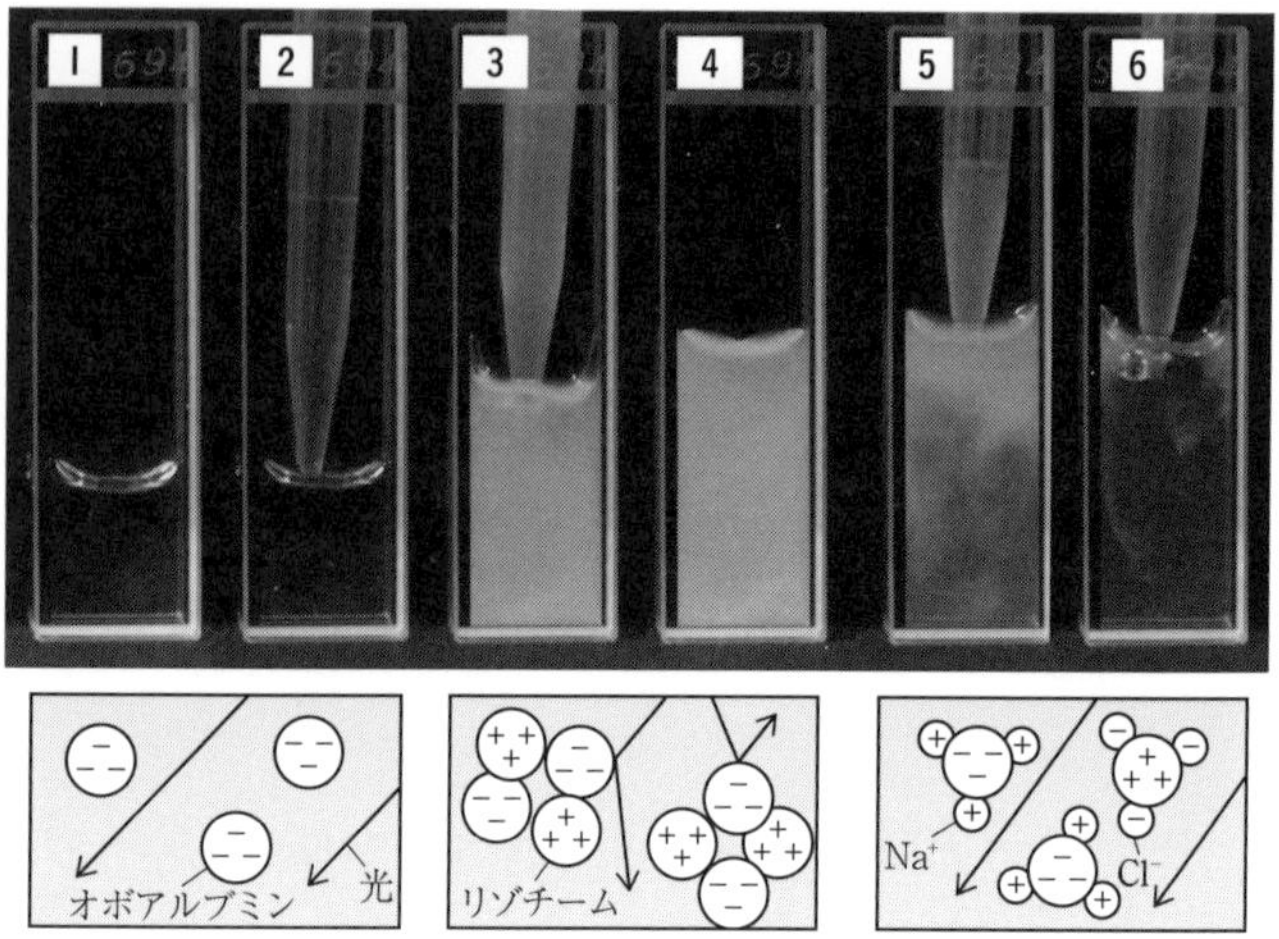

図3　タンパク質が作るドロップレット。溶液量は1ミリリットル程度。**3**、**4**で白濁したものの正体がドロップレットである（画像：著者提供）。

され、光が散乱されて溶液の向こう側が見えなくなったことを意味する。この白濁は、液-液相分離によって形成されたドロップレットであり、まさに「分子と分子のあいだ」が劇的に変わった瞬間を見ていることになる。

ドロップレットを形成するメカニズムは、静電相互作用による会合である。マイナスの電荷を帯びたオボアルブミンが水中に分散しているところへ、プラスの電荷を帯びたリゾチームを加えることで、プラスとマイナスが引き合って両者が集まるのだ。なおこのとき、ちょっとだけ工夫をしており、オボアルブミンのタンパク質の立体構造を部分的に壊して、ふらふらとした不定形の領域を持つようにしている。比較的安定なドロップレットを作るためにはこのような不定形の領域があった方が好ましい。この領域がなければ白濁しにくい。

この4の溶液に塩化ナトリウム水溶液を加えると、5、6のように透明な状態に戻る。オボアルブミンとリゾチームは静電相互作用によって引き合っているので、イオンを加えることで静電遮蔽効果が生じて、会合したタンパク質が分離するのだ。透明になったということは、光の波長より十分に小さくなったということを意味する。ここでは集合していたタンパク質が水中に分散し、溶けた状態に戻ったと考えてよい。

このように、ドロプレットの形成は可逆的で、形成させたり溶解させたりというダイナミックな制御が可能だ。形成と溶解のどちらに転ぶかには、その場にある分子との相互作用や温度などさまざまな因子が関わり、集合の仕方も多岐にわたる。そしてこの多様で微小な構造体を形成する原理は、つまるところ、物質が溶けたり集まったりするという性質だけなのである。

試験管内でドロプレットを形成させるためには、いくつか工夫がいる。再現実験でオボアルブミンの立体構造を部分的に壊してふらふらした領域を持たせたように、硬い球状の構造だけではなく不定形な領域があった方がドロプレットを形成しやすい[1]。さらに、細胞内のように多くの種類のタンパク質やRNAやアミノ酸や糖質などの物質があることも重要だ。細胞内にいろんな分子があるというのは、実は意味があることなのである。混み合った環境にしておくことも重要で、試験管内でのドロプレットの再現実験では、ポリエチレングリコールなどの高分子を加えておくことが多い[2]。このように、細胞内を模倣した混み合った環境を作ることをクラウディングという。また、オボアルブミンとリゾチームのように、静電的に引き合うような電荷を持つ領域がある方がよく、他にも「カチオン－π相互作用」や「π－π相互作用」や、「RNA結合ドメインとRNAの相互作用」など、タンパク質の専門家にも耳慣れない相互作用をする領域の数が多い方がドロプレットを形成しやすくなる。[3]

つまり、多様な分子が高濃度に存在することや多様な分子間の相互作用があることなどの、化学反応に直接関わらない、あるいは邪魔にさえなりそうな特徴が、分子と分子のあいだの場の構築に寄与しているのである。それどころか、それこそが化学反応の制御に大きく貢献しているのだ。

反応を1億倍高速化する方法

酵素がドロプレットを形成する場合と形成しない場合とでは、反応がどう異なるのかを考えてみよう（図4）。ある物質（S）が、4種類の酵素を触媒にして最終物質（P）になる化学反応があるとする。これらが教科書に書かれている通りにビーカーの中ですんなり反応するならば、決まったルートを順に進むように、スタート物質（S）から生成物（P）まで四つの反応が起きるはずである。こうなることを期待して、よく考えずに4種類の酵素とスタート物質をビーカーに入れたとしよう。すると、酵素は水溶液中にただ分散するだけである。ただし、反応物質と酵素が偶然接近したときにだけ、その部分の反応が進む。なお理論的な研究によると、2種類の酵素の活性中心が10ナノメートルも離れると、連続的には反応しない。[4] つまり実質的には、反応はほぼ進まないのである。

ビーカーの中に4種類の酵素をただ入れるだけでは、一部で一つ目の反応が起きても、その後反応中間体が水中に分散してしまう。そして、たまたま次の酵素がその反応中間体と結合したときに、二つ目の反応が進むというように、ランダムに道を探しながら進むことになる。

そうではなく、もし4種の酵素が水中でドロプレットを形成していたらどうなるだろう。その場合は、ひとたびスタート物質がドロプレットに入ると、反応中間体が次の反応の酵素に格段に出会いやすくなり、反応経路の入り口から出口へとワープするかのように、一息に反応が進む。ドロプレットが一連の反応を起こす新たな機能の単位となるのである。

ドロプレットの有無で、反応の効率はどれほど違うのだろうか。ある反応が終わるたびに、反応中間体がビーカーの中に分散してしまうとしよう。その場合は、連続して二つの反応が進むときに比べて、仮に100分の1ほど遅くなるとする。妥当な数値だと思う。単純に掛け算で良いとすれば（これもまず妥当な仮定である）、酵素反応が二つ続くなら1万分の1、四つも続けば実に1億分の1倍まで遅くなる。仮に連続反応なら1秒で終わるとすると、約38ヶ月かかることになる。

酵素がバラバラに水中に分散している状況と比較すると、ドロプレットを形成することで酵素活性はとてつもなく上がる。これが、細胞内で実際に起きていることなのだろう。細胞内では、代謝マップ上のさまざまな化学反応が同時に

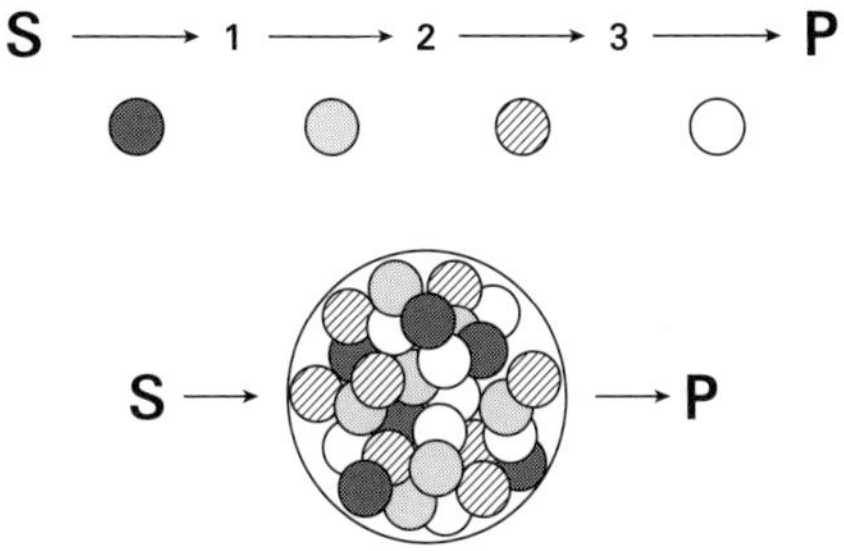

図4　上は教科書に描かれている酵素の連続反応の例。実際には、電車が線路を走るようには反応は進まない。下はドロプレットを形成した酵素。これが酵素によるダイナミックな路線図の実態であり、生きた状態の本質でもある。

進行していて、生命を生み出すに足るだけのすべての分子を合成し続けている。これは、ドロプレットによって反応が区画化され、分子と分子の間が常に適切なおかげだ。

ここではひとつの反応を加速するドロプレットを考えたが、もしさまざまな反応を加速する多様なドロプレットを試験管の中で組み合わせることができたらどうなるだろう。バイオテクノロジーの分野に革命が起こるのではないか。アミノ酸を準備し、何百個も正しい順番に繋げていくような化学合成を試験管内で再現することは不可能だが、細胞はあれほど小さな空間で、タンパク質の合成を正しく、しかも多くの種類を並行して行っている。細胞はそもそも、アミノ酸すらも自ら合成しているのだ。タンパク質だけでなく糖質や脂質、またはビタミンのような補酵素や、何百万個も何千万個もヌクレオチドが連なったＤＮＡまで間違えずに合成している。このような現象を実験で再現できれば、それは生きた状態を再現できるということに等しい。

メタボロン仮説

細胞内にあるタンパク質や酵素が自ら集まって機能しているという見方は、理論としては、イリヤ・プリゴジンの散逸構造などの非平衡熱力学や、マンフレート・アイゲンのハイパーサイクル論などの自己組織化の理論や、サンタフェ研究所から萌芽した複雑系科学などとつながってくる。しかし、細胞の中にあるどろどろした「タンパク質溶液そのもの」を直接扱うような研究はほとんどなかった。そのころ、タンパク質やＤＮＡやＲＮＡなどの個別の分子レベルの研究が一挙に深まり、20世紀末から21世紀初頭にかけてノーベル賞リストを席捲するような華々しい業績が並んだ。そのため、ただ弱くつながり、場を作っている水溶液に溶けた状態の分子に興味を持つ研究者はほとんどいなかったのだ。だが、集合状態に興味を持った数少ない研究者のひとりにポール・シュレアがいる。生化学の黄金期だった20世紀半ば、クエン酸合成に関する研究に取り組んだ生化学者であり、代謝酵素の複合体を「メタボロン（metabolon）」と名付けた人物でもある。これは、代謝（metabolism）と集合（lon）という用語からとられた造語だ。

酵素の反応を調べる実験は、可能な限り薄い濃度の酵素を対象に行うことが多い。だが細胞内は試験管内とは何もかもが違う。シュレアは１９６７年にサイエンス誌に報告した１ページちょっとの短い論文で、細胞内にある酵素は試験管内で実験するときより何桁も高い濃度で存在し、基質はおおむねタンパク質に結合した状態にあること、そして高濃度の条件では実験で得られているような振る舞いをしない可能性があることを指摘した。シュレアは、生体分子の活動を可視化できていなかった時代に、生体分子の濃度の一覧表を並べるなどして、細胞内がいったいどうなっているのかを大真面目に考えている。子供はときどき、大人になると見て見ぬふりをするようなことに本質的な疑問を見出すものだが、それに似た純粋さがあって、しみじみ良い論文である。[5] シュレアが晩年に書いた総説『連続的な代謝酵素の複合体』は広く読まれ、酵素が集まっていることを具体的にかつ網羅的に指摘した重要な報告になった。[6] 解糖系や尿素サイクルなどの代謝に関わる酵素が、「連続的に反応を進めるための集合物」になっていることを、タンパク質分子間の相互作用や、酵素反応の速度論的な性質、遺伝的な証拠などの多様な傍証によって推論している。無味乾燥をよしとする科学論文にしては珍しく、信念を持っている書き手の熱量や鼻息までが感じられる。ときどき読み返したくなる論文だ。

ドロプレットによる連続反応の実験的な確証を得るためには、顕微鏡の開発が不可欠であり、メタボロンの名前が世に出てから20年も必要だった。(7) 真核細胞内でのプリン環の合成は、ホスホリボシル2リン酸からイノシン酸まで10個の化学反応が関係し、6種類の酵素がその反応を触媒する。ヒトの培養細胞であるHeLa細胞に発現しているこれらの酵素を蛍光ラベルし、ライブイメージングすることで、酵素が動的に集まったり離れたりする様子が生きたまま観察できたのである。この集合体は「プリンの合成」という意味でプリノソームと名付けられた。やわらかな酵素集合物の直接観察の最初期の報告と言えるだろう。

医学・創薬分野への展開

このような酵素やタンパク質の集合物を仮定すると、いろいろな生命現象を理解しやすくなる。なぜなら分子の集合状態こそが生きた状態だからである。先ほど紹介した酵素の連続的な反応の他にも、たとえば、プリオンのような現象が生物種を超えて広く保存されている理由も、(8) ウイルスが感染したあとの自然免疫による応答も、(9) ATPが細胞内にミリモーラー（M, mol/l）もの高濃度で存在する理由も、(10) 光合成を効率的に進める原理も、(11) アルツハイマー病の発症のメカニズムも、(12) 筋萎縮性側索硬化症の原因にも、(13) ドロプレットの形成が関わっているという報告がある。

新型コロナウイルスSARS－CoV－2の複製機構にもドロプレットの形成が関係するという論文が、いくつも報告されている。[14][15][16][17] 巨大なゲノムRNAをウイルス粒子の中にパッケージングするプロセスに液－液相分離が関わっているのだという。これからはドロプレットも、治療薬の開発の主要なターゲットになるだろう。治療薬の分子がウイルスを構成するヌクレオキャプシドタンパク質に結合したり、ウイルスRNAの2次構造の形成を特異的に阻害したりできれば、ウイルスRNAとタンパク質が立体構造を形成できなくなり、ウイルスが複製できなくなるからだ。創薬分野でも新時代がはじまっており、この他にも、抗がん剤をドロプレットに取り込ませることで、その効能を大きく高められるという報告もある。[18] 副作用を抑えるためには、ターゲットになるタンパク質を含んだドロプレットに選択的に取り込まれるよう、薬剤の溶液物性もデザインするとよさそうだ。これらについては、本書の後半であらためて紹介したい。

命は分子に宿るのか？

細胞内には、タンパク質やRNA、DNA、糖質、脂質などのさまざまな分子が含まれている。確かにこれらは生きものに特有だが、これらの分子だけを調べていても生命に迫ることは難しい。ここまでに見てきた通り、分子と分子のつながりに生きた状態があるからだ。

細胞は、その30％が生体分子から、残りの70％が水からなる。これだけ高濃度なのに、なぜ酵素やタンパク質やRNAは働けるのか。……というふうに考えるからわからなくなる。そう考えてしまうのは、物事をスッキリ理解しようとする科学者の習性からくるもので、そのままを考えないといけない。細胞内は、わけもなくいろんな分子で混み合ってごちゃごちゃしているのではない。そうあることにこそ意味がある、ここが面白いのである。私たちの37兆個あると言われる細胞の中で滞りなく進んでいる酵素の連続反応が、試験管内でそう簡単に再現できないのは、単純できれいな系で実験をすると抜け落ちるものがあるということを意味する。いろんな分子がたくさんあるというごちゃごちゃ状態に命が宿るのである。

細胞内には高濃度の有機分子があるので、溶液の性質から考えてもドロプレットを形成しやすい。その方が環境変化に対する感受性も高くなる。たとえば、風邪をひいて発熱したりするようなわずかな変化でも、ドロプレットの形成のしやすさは変化するだろう。細胞は老化するにつれ大きくなっていくが、このような問題は、個々の分子をいくら見てもそのメカニズムを理解できないだろう。

分子ではなく、分子と分子のあいだに生命の鍵がある。命を宿す仕組みが、科学的に説明できる時代がはじまろうとしているのだ。

第3章　二つのドグマ

ナノテクやコンピュータが実用レベルに達した1990年ごろから、研究者は「細胞内にある分子を徹底的に数え上げ、分類する」という途方もない挑戦をはじめた。この挑戦はすべての分子を網羅するものであり、抜け落ちるものはないはずだった。その結果、生命がどのように理解できたのだろうか？　今回はその経緯を追っていきたい。最終的には、第1章で紹介した「代謝の路線図」上の分子が細胞内でどのように存在するのかという難問に対し、別の側面からイメージできるようになるだろう。

生命に迫った二つのドグマ

この挑戦の前提として、「セントラルドグマ」と「アンフィンセンドグマ」という、二つの生命科学の基本原理があった。

それらを説明する前に、まず「DNA」「遺伝子」「ゲノム」という、混同されやすい三つの用語を整理しておこう。

「DNA」はデオキシリボ核酸（Deoxyribonucleic acid）の略であり、物質名である。DNAにはグアニン（G）、シトシン（C）、アデニン（A）、チミン（T）という四つの塩基が並んでおり、それらが文字の役割を果たしている。この文字列を意味のあるまとまりごとに区別したとき、その一つ一つを「遺伝子（gene）」という。ゲノム（genome）は「生命の活動に必要なすべての遺伝情報」を意味する。[*] ヒトのDNAは約30億塩基からなるので、そこには60億ビット、すなわち750メガバイトの情報を書き込むことができる。USBメモリにも楽に収まる程度の情報量だ。

ヒトゲノム計画の挑戦は、DNAの配列のすべてを解読することを目指していた。なぜ、ゲノムを解読すれば細胞内のあらゆる分子を網羅できると思われたのか。それは、細胞の中にある有機物質はすべてタンパク質によって合成されたものであり、タンパク質はDNAに記録されている遺伝情報に基づいて作られているからである。

すべての生物は細胞からできている。その細胞の中の分子の由来を突き詰めると、DNAに行き着く。つまり、DNAに記録されている遺伝情報の全体＝ゲノムこそが、生命の情報データベースになっていると考えてよい。DNAに書かれた情報に基づいてRNAやタンパク質が合成され、タンパク質が働いて生命現象を生み出す。これが分子から見た生命像なのである。

この過程のうち、遺伝子からタンパク質合成までの流れを「セントラルドグマ」という（**図5**）。

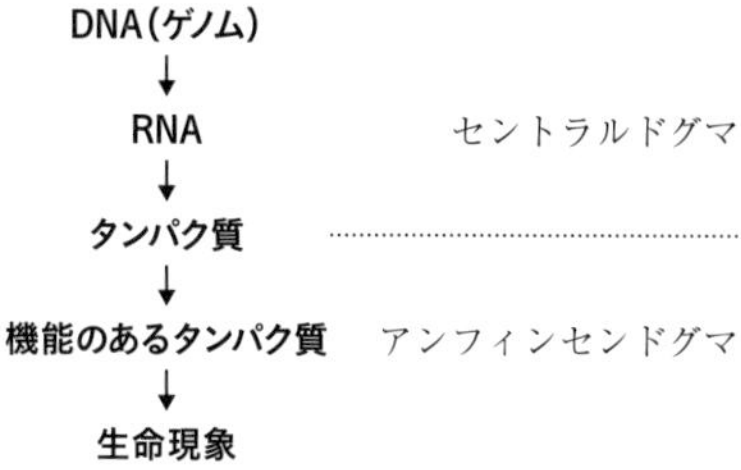

図5　セントラルドグマとアンフィンセンドグマ

ＤＮＡの二重らせん構造を明らかにしたフランシス・クリックが１９５８年に提唱したものである。この流れをまとめると、まず、ＤＮＡの情報の一部がそっくりそのままコピーされたメッセンジャーＲＮＡ（ｍＲＮＡ）が合成される。この過程を「転写（transcription）」という。次に、ｍＲＮＡの配列情報をもとにタンパク質が合成される。三つの塩基によって20種類あるアミノ酸のうちの一つが指定されており、文字列の指定通りにアミノ酸が繋がっていくことで、ひも状のタンパク質ができる。この過程を「翻訳（translation）」という。

こうして合成されたタンパク質は、酵素やイオンチャネルや抗体やホルモンなど、多様な役割を担う。アミノ酸をさまざまな順番につないだだけの物質が、なぜ多様な機能を発揮できるのだろう？　それを理解するためには、セントラルドグマの先にある、もうひとつのドグマを知る必要がある。こちらは、発見者のクリスチャン・アンフィンセンの名から、「アンフィンセンドグマ」と呼ばれることがある。

セントラルドグマに基づいてタンパク質が合成された段階では、タンパク質はさまざまなアミノ酸

＊　ゲノム（genome）という用語はドイツの植物学者ハンス・ヴィンクラーが遺伝子（gene）と染色体（chromosome）から名付けたものとされる。

が連なった1本のヒモである。しかしこのタンパク質のヒモがふらふらした状態であることは少なく、それぞれに固有の立体構造を形成するものが多い。つまり、タンパク質は勝手に折り畳まれていき、種類ごとに必ず同じ形になるのである。そして折り畳みが完了すると、さまざまな機能を発揮するようになる（活性を持つ）。タンパク質の多様な機能は、この「形」が担っているのである。この、「アミノ酸配列さえ決まればタンパク質の立体構造が1通りに決まる」ことを「アンフィンセンドグマ」という。

アンフィンセンドグマは、「タンパク質がある立体構造を形成するのは、その構造がもっとも安定だからである」とも言い換えられる。当たり前のようだが、このことが実証されたのは20世紀半ば頃のことだった。アンフィンセンは、リボヌクレアーゼという小型のタンパク質をモデルに、いったん立体構造を壊して活性を失わせても、活性を持った元の状態へと可逆的に戻ることができることを実験的に再現した。このとき、リボヌクレアーゼはひも状の不安定な状態から、勝手に折り畳まれていき、ふたたび元の安定な形状に戻ったのだ。つまり、立体構造を形成した方が構造を持たない状態よりも熱力学的に安定ということになる。この発見によってアンフィンセンは１９７２年にノーベル化学賞を受賞している。

タンパク質の立体構造が壊れて、本来の活性を失うことを「変性」という。たとえば尿素*を加えるとタンパク質は変性するが、他にも酸性にしたり高温にしたりしても、同様に変性する。そして変性させる条件を取り除けば元の構造に戻るのである。なお、卵白を茹でた場合は白く固まり、元の透明な状態には戻らなくなるが、これは変性しただけではなく、そのストレスで不可逆に凝集するためである。この現象をタンパク質凝集という。

百花繚乱のタンパク質構造

タンパク質はアミノ酸がひとつずつ順番に連なったポリマーである。つまり、どれもかなり大きい分子で、平均的なものでおよそ300アミノ酸くらいになるだろう。小さなタンパク質でも数十個くらいのアミノ酸からなり、光合成の炭素固定の働きをするＲｕＢｉｓＣＯのように、数万個ものアミノ酸からなる巨大なタンパク質もある。

立体構造を形成したタンパク質の例をいくつか見てみたい。なじみ深いタンパク質のひとつにヘモグロビンがある（**図6**左下）。血液に多く含まれるタンパク質で、酸素を全身に運ぶ働きがある。141個のアミノ酸からなるαサブユニットと146個のアミノ酸からなるβサブユニットが2個ずつ、合計四つのタンパク質からなる構造を持っている。アミノ酸だけでなく、酸素を結合させるためのヘムという化合物がそれぞれのサブユニットにひとつずつある。タンパク質のなかでは平均的な大きさである。

＊　尿素はタンパク質を溶かす働きがある。尿素配合のハンドクリームを手に塗るとヌルヌルするのはそのせいである。

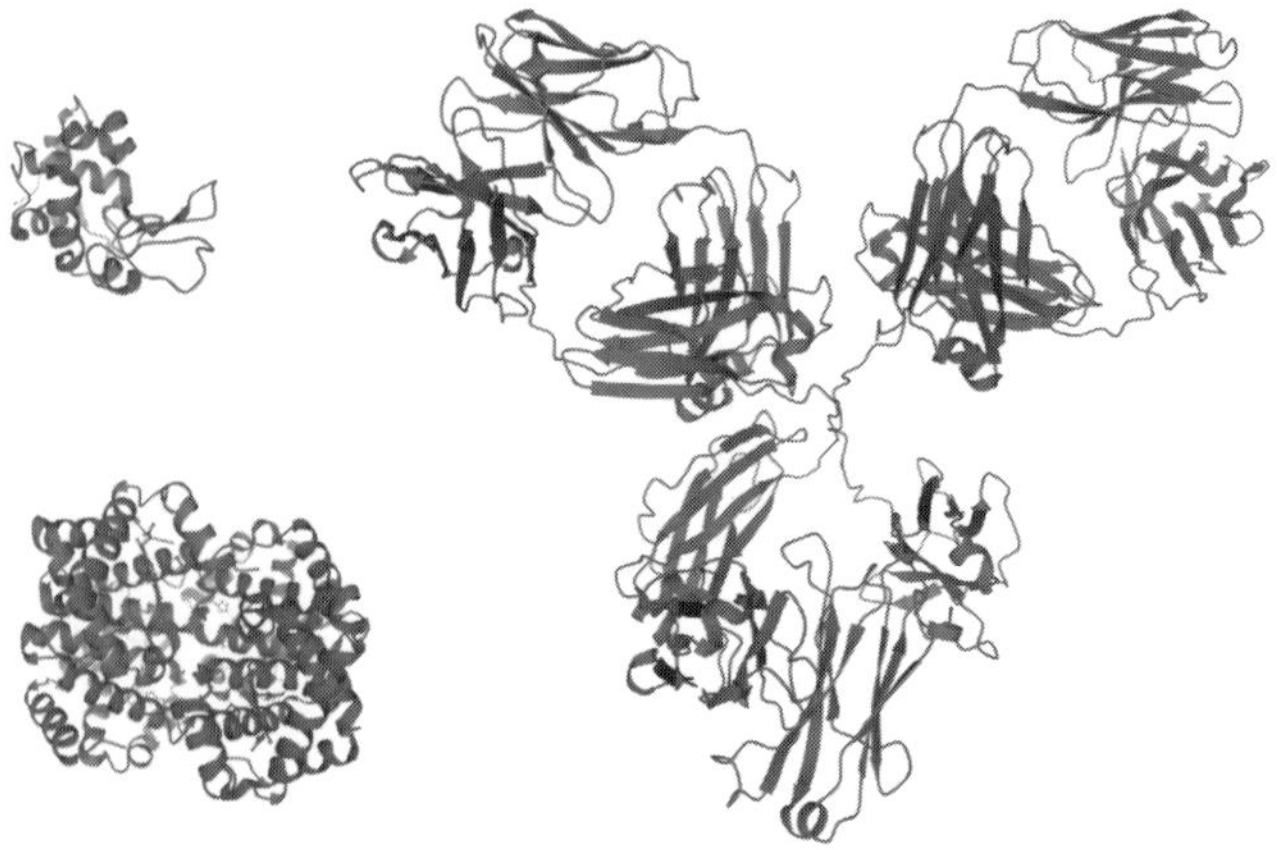

図6　タンパク質の立体構造。左下がヘモグロビン、左上がリゾチーム、右が抗体（免疫グロブリンG）。紐が複雑にフォールディングしている様子がよくわかる（画像のタンパク質構造データバンク［PDB］ID　ヘモグロビン：1HDA、リゾチーム：1LYZ、抗体：1IGY）。

なお、タンパク質は平均サイズでも1万個くらいの原子からなる巨大な分子なので、一つ一つの原子を描画すると、つぶつぶだらけでかえって構造がわかりにくくなることが多い。そのため、構造をわかりやすく描ける別の方法がよく使われる。**図6**はその一つの「リボンモデル」で描かれていて、アミノ酸がペプチド結合した主鎖の部分だけを表示している。

もうひとつの例として、リゾチームを見てみよう（**図6**左上）。卵白リゾチームは卵白のタンパク質のうち約3％を占める。129個のアミノ酸からなる加水分解酵素である。くぼみの部分にバクテリアの細胞壁を構成する多糖類がはまりこむと、糖鎖が不安定になり分解されやすくなる。そのためリゾチームは殺菌作用がある。生卵が腐りにくいのはリゾチームのおかげである。

抗体として働く免疫グロブリンGの構造も見てみよう（**図6**右）。リゾチームのおよそ10倍の大きさがある。抗体は、特定の物質を認識することで免疫の応答を引き起こす働きがあるタンパク質である。Y字型の先端に抗原を認識する領域があり、この部分が抗体の種類によって多様な構造をとる。4本のペプチド鎖がひとつのタンパク質を構成している。

セントラルドグマに基づいて遺伝情報からタンパク質が合成され、アンフィンセンドグマに基づいてタンパク質はそれぞれの構造を形成し、その構造に基づいた機能を担う。この機能の全体が生命を生み出している。これが、分子から見た生きた状態の説明である。

網羅せよ

このような二つのドグマの教えは明解である。情報データベースであるＤＮＡの配列をすべて解読し、その辞書に書かれた全タンパク質を順番に調べれば、生きものがどういうものか理解できますよ、ということだ。こうして遺伝子やタンパク質をすべて調べる試みが盛んになっていった。

「網羅」の対象となったのは、ゲノムだけではない。冒頭で、遺伝子（gene）を含むＤＮＡ配列の全体をゲノム（genome）と呼ぶと述べた。同様に、遺伝子から転写（transcript）されたＲＮＡの全体をトランスクリプトーム（transcriptome）という。また、タンパク質（protein）の全体をプロテオーム（proteome）、代謝（metabolism）の全体をメタボローム（metabolome）というなど、さまざまな造語がある。さらに研究分野を指す場合には、ゲノミクス（genomics）やプロテオミクス（proteomics）

などという風に「オーミクス（omics）」を語尾につける。いずれも特定の分子群全体をターゲットにしていることが共通している。

オーミクスのアプローチは、従来の研究とは根本的に異なっている。科学は仮説を立ててそれを実証するのが大原則である。いわば「仮説駆動型」である。一方、ゲノミクスやプロテオミクスは、仮説を立てずにとにかくすべてを明らかにしようとするものである。徹底的に網羅してデータを蓄積し、分類することで法則を発見するアプローチだ。やってみることで何か出てくるのではないかと考える楽観主義的なものであり、「仮説駆動型」と対比するなら「データ駆動型」と言えるだろう。

こうして、1990年代以降にオーミクスの研究が科学の新しい潮流を生み出してきた。分子の性質をひとつずつ調べるのではなく、何万もの分子の性質を一挙に調べるのである。ゲノミクスともなれば数億や数兆という膨大な個数になる。そのための技術開発が必要になり、研究の規模も大きくなっていった。ゲノミクスの時代から生物学はビッグプロジェクト化したと言われている。

遺伝子は何個あるのか？

ヒトの遺伝子は何個あるのだろうか？　このような推測の原点に、ドイツの遺伝学者フリードリヒ・ヴォーゲルが1964年に書いたネイチャー誌の記事がある。[1] ヴォーゲルは、赤血球の中に豊富に含まれるヘモグロビンをタンパク質の平均サイズだとみなし、細胞に含まれている染色体の重さからヒトの遺伝子を見積もった。その結果、ヒトの遺伝子は670万個だと予測した。DNAの上に遺伝子がきっちり並んでいるとすれば、670万個はけっこういい推測値だが、さすがにこの数は多すぎた。その後すぐに、DNAのすべてに無駄なく遺伝子が書き込まれているわけではないことが明らかになり、ヒトの遺伝子は10万個くらいであると推測された。10万個の時代が四半世紀ほど続いた。

ヒトの持つ約30億塩基対からなるすべてのDNA配列を明らかにする「ヒトゲノム計画」が、1990年にスタートした。そして、ヒトゲノムの草稿が形になった2001年には、遺伝子の推測数がさらに減ることになった。クレイグ・ベンターの研究チームは、タンパク質をコードする遺伝子をヒトゲノムの中に2万6588個発見し、それ以外に約1万2000個の遺伝子があるだろうと予想した。[2] 2004年にはヒトゲノム計画の完了報告があり、ヒトの持つ遺伝子の数は2万2287個と推定された。[3]

その後、遺伝子の機能まで明らかにする「ゲノム百科事典計画」が進み[4]、遺伝子の情報からどのようなタンパク質が合成されるのかという翻訳産物の解明も進んだ。実際にタンパク質の合成まで進むかどうかまで判別したことになる。その結果、2012年には、ヒト遺伝子は2万687個であると報告された。以後、この値が長いあいだ信頼できるものとされてきた。[5]

だが、ふたたび値が変わってしまった。著名な計算生物学者であるスティーブン・サルズバーグらのチームが既存のデータを徹底的に調べなおし、タンパク質をコードするヒト遺伝子の数は2万352個だと報告して話題になった。[6] 2018年に報告されたこの最新の遺伝子カタログは、Comprehensive Human Expressed SequenceS からCHESSと名付けられた。

ヒトゲノムの配列が読解されてから20年近くものあいだ、遺伝子の数が決まらなかったのは興味深い事実である。最新の値もまだ変化する可能性があるだろう。もしかすると正確な値は存在しないのかもしれない。遺伝子は生命を理解する単位としてふさわしくないのだろうか？ そのような結論を出す前に、タンパク質の総数についても見てみよう。

プロテオーム

タンパク質の機能はさまざまである。ヘモグロビンのように物質を運ぶもの、リゾチームのように酵素として化学反応を触媒するもの、抗体のように特定の物質を識別するものなど、多様な機能があり、これらが集まり生きた状態を作り出している。では、細胞にはどのくらいの数のタンパク質があるのだろうか？

プロテオームという用語は、１９９４年にオーストラリアの科学者マーク・ウィルキンスが名付けたとされる。(7) プロテオームとは細胞内にある全タンパク質を意味するが、タンパク質の数や種類があまりにも多く、当時は研究対象として扱えるとは想定されていなかった。ゲノム研究が一定の成果を出していた90年代半ばにおいても、プロテオーム研究は「ミッションインポッシブル」と表現されていたほどである。(8)

だがこの分野は急成長を遂げた。プロテオームに関する論文の報告数をデータベースサイトで調べてみると、１９９５年には「proteome」という名が入った論文はたった3本にすぎなかったが、２

000年には約400本、2010年には7000本以上が出版されている。重要な概念ができれば、それを核として必要な装置が開発され、理解のための理論が構築され、あっというまに新しい分野ができあがっていくのである。

それでは具体的に、どのくらいの数の遺伝情報がタンパク質に翻訳され、働いているのだろうか？分裂酵母を調べた研究によると、増殖期の酵母の細胞では3397種類のタンパク質が特定できた(9)。これは全遺伝子の66%に相当するから、かなり多くの種類のタンパク質が細胞内で合成されていることがわかる。タンパク質の総数は、細胞ひとつあたり約6030万個。しかしmRNAはタンパク質の種類ごとにせいぜい10個ほどずつしかなかった。細胞内では、データベースであるDNAからごく少数のmRNAが転写され、そこから膨大な数のタンパク質が合成されていることになる。

ではタンパク質の寿命はどのくらいだろう？　マウスの線維芽細胞内にある約5000種類ものタンパク質の寿命を丹念に調べた論文がある(10)。それによると、タンパク質の半減期は約46時間であり、長いもので約200時間以上、短いもので約30分だった。種類ごとに見ると、タンパク質は平均して約5万個が細胞内にあった。

細胞に含まれるタンパク質の個数は、平均的なタンパク質の大きさを350アミノ酸残基とし、タンパク質の濃度を200g／Lだと大雑把に考えても正確に見積もることができるようだ(11)。タンパク質の数は、大腸菌の体積である1立方マイクロメートルでは約300万個、酵母だとその約30倍だから約1億個。ヒト細胞の体積は大腸菌の数千倍あるので、ヒトの細胞内には約100億個ものタンパク質が働いていることになる。

細胞の大きさを10マイクロメートルとし、タンパク質の大きさを数ナノメートルだとすれば、それは私の所属する筑波大学のキャンパスくらいの大きさの球の中に学生がいるようなものだ。ただしこの球状キャンパスの内部には100億人もの筑波大生がぎゅうぎゅうに詰まっている。それぞれの学生は、数十時間くらいの寿命で生まれては死んでいく。こういう大学キャンパスが37兆個ほど集まって「私」になっている。生きている状態とは、想像を絶するほどすごい状態なのである。このような膨大で複雑で精妙なものを解明する取っ掛かりとして、膨大な分子群が突き詰めればDNAに由来するとわかったことは、とてつもない発見だった。しかしそれと同時に、それぞれの分子に注目している限りは、生きているということを理解するのは不可能なのではないか、という印象も受けるだろう。

生物のもつ細胞の数

ヒトの細胞の数は長らく「60兆個」だとされてきたが、* 現在のところ科学的に信頼できる値は「37兆個」である。(12) イタリアの研究者エバ・ビアンコニらは、学術論文を丹念に調べ、さまざまな組織に含まれる細胞の大きさを算出し、組織の形状を見積もって統計処理をするという、とても手間のかかる計算をした。その成果によれば、身長172センチメートル、体重70キログラムの30歳の男性は、37兆2000億個（誤差が8兆1000億個）の細胞からできていると推測できた。これまでざっくりと見積もられていた60兆個という数とそう違わないのが面白い。なお、ヒトでもっとも多い細胞は血液に含まれている赤血球であり、実に26兆3000億個、全細胞の7割に相当する。すなわち人間とはだいたい赤血球なのである。

生物の重さはどのくらい違うのだろうか。最小の生きものは真正細菌のマイコプラズマで、およそ0・1ピコグラムくらいだろう。大きな生物の代表として、シロナガスクジラを取り上げると、巨大なもので100トンくらいになるという。つまり、生物の体重は21桁も違うのだ。これだけ違いがありながらも、すべての生物は必ず細胞からなる。細胞の中には遺伝情報があり、セントラルドグマにしたがってタンパク質へと翻訳され、タンパク質はそれぞれの働きを担う。このような細胞内の分子のメカニズムは、目に見えない細菌から巨大なクジラまで共通しているのである。

生きた状態と分子

こうして、細胞内にあるタンパク質の設計図と、設計図を動かすアルゴリズムが明らかにされ、生体分子が片っ端から明らかにされていった。前述の通り、遺伝子データベースには2億種類以上のDNA配列が登録されており、タンパク質データバンクには約20万種類のタンパク質の詳細な立体構造

＊　数値の根拠は諸説あるが、細胞が10立方マイクロメートルだとして、ヒトの体重が60キログラム、密度を1立方センチメートルあたり1グラムとすれば60兆個となる。このようなおおざっぱな見積りがおそらく原点になるのだろう。いったん60兆個という値が広まればそれが真実のようになっていくのが、この世の常である。

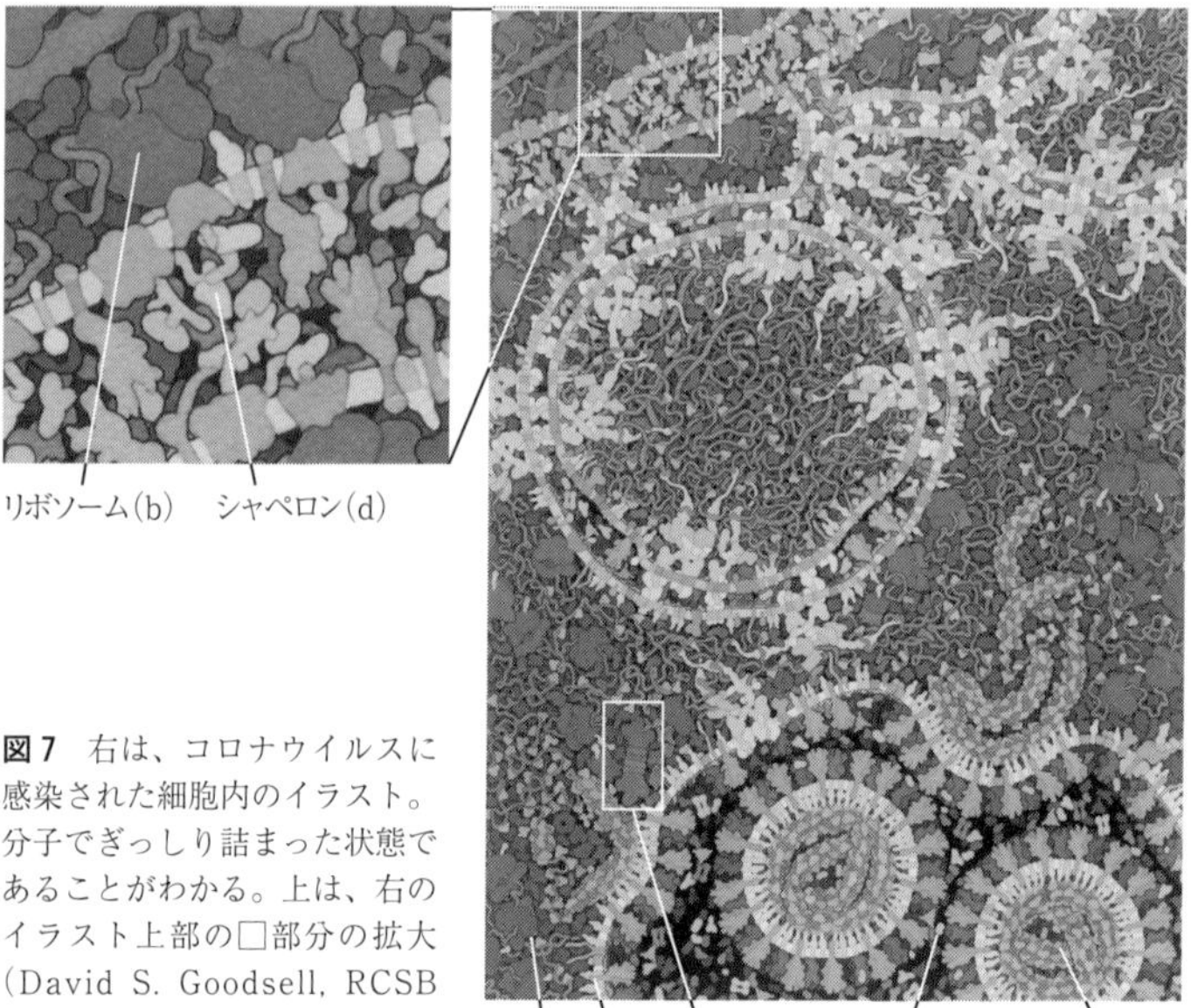

図7 右は、コロナウイルスに感染された細胞内のイラスト。分子でぎっしり詰まった状態であることがわかる。上は、右のイラスト上部の□部分の拡大(David S. Goodsell, RCSB Protein Data Bank; doi: 10.2210/rcsb_pdb/goodsell-gallery-023)。

が登録されている。今や分子レベルでは生命の理解は十分な段階に達していると言っていいだろう。

細胞と分子について最高のイメージを与えてくれるイラストがある。スクリプス研究所の研究者であり画家でもあるデイビット・グッドセル博士が手描きした細胞のイラストだ(**図7**)。「Goodsell」と入力してインターネットで画像検索すると、フルカラーで描かれた細胞のイメージ図がたくさん出てくるだろう。これが細胞と分子の関係、つまり分子から描こうと試みた生きた状態の姿である。

生体膜(a)で仕切られた細胞の内部には、リボソーム(b)やプロテアソーム(c)、シャペロン(d)などがぎっしり詰まっている。博士がここに描いたタンパク質は、X線結晶構造解析などで明らかにされた立体構造をトレースした正確なものだ。

さて、ここでグッドセル博士のイラストを設計図として、細胞の再構築を試みたとしよう。脂質膜で仕切りを作り、ナノピンセットでタンパク質やDNAやRNAなどの分子をひとつずつ正しく配置する。生体膜にタンパク質を埋め込み、タンパク質と結合しているRNAや線維状に連なったタンパク質を並べていく。このようにナノスケールの有機プラモデルを組み立て、最後のワンピースをはめたとき、生命が起動するのだろうか？　残念ながら、起動しないのである。

溶解度の縁に宿る生命

機械の機能は、機械を構成する各部品の機能の総和である。このように考えるならば、全部品について知ることがその機械を知ることにつながるかもしれない。

しかし実際には、生体分子は、プラモデルや機械の部品のように常に同じ機能を果たしているわけではない。むしろその振る舞いは、わずかな環境の変動にも反応してがらりと変化する。環境とは分子と分子の「あいだ」に働く物理的な相互作用だ。つまり、機械の場合とは違って、分子を個別に調べるだけでは、その機能の一部分しかわからないのである。

では、生体分子の集まりを生命たらしめる相互作用とはどのようなものなのか。一つ言えることは、細胞内では、この相互作用の最適解（分子にとってもっとも安定な状態）が刻々と変わり続けているということである。分子と分子の相互作用が、極端に安定な状態にならずに、その時その場限りの準安定な状態を推移し続けるとき、そこに「非平衡開放系」と呼ばれる定常的な構造が現れる。——抽象的に言えば、これが「生きた状態」である。相分離生物学は、生命の非平衡開放系という特徴を、分子の相互作用によって説明することを試みる学問と言える。

細胞内のイラストでは、タンパク質やＲＮＡなどの大きな分子だけが描かれることが多い。しかしもちろん、生きた状態を作るには、省略されてしまっている水分子が不可欠である。細胞の中にある有機生体分子は全重量の約３割であり、水が７割を占める。水分子が存在することで流動性が生まれ、分子間の相互作用が生まれる。そこに生命が宿るのである。

では、分子と分子の相互作用を不安定な状態にし、刻々と変化するようにしておくためには、どういう仕組みが働いているのだろう。これを理解する指標に「溶解度」がある。塩や砂糖などを水に入れて溶かすところを想像してみよう。入れすぎるとどんなにかき混ぜても溶けなくなる。それと同様に、タンパク質やＲＮＡなどの生体分子も、一定以上の濃度になると溶けなくなる。この限界の値を溶解度という。

ケンブリッジ大学のミシェル・ベンドルスコーロ教授の研究チームは、細胞内にあるタンパク質について面白い実験結果を報告している[13]。線虫の細胞をつぶし、タンパク質の溶解度を調べたところ、ほとんどのタンパク質は、それ自身が溶けることができる限界まで細胞内に存在していたのである。すなわち、細胞内にたくさん発現しているタンパク質はよく溶ける性質があり、逆に細胞内にあまり発現していないタンパク質はそもそも水に溶けにくい性質があったのだ。

　タンパク質は、細胞内で他のタンパク質やＲＮＡと、そして水分子と相互作用しながら存在している。しかし一定以上のタンパク質の濃度になれば溶けることができなくなり、凝集してしまう。その限界のギリギリまでタンパク質が合成されていたのである。

　各タンパク質は、その機能を果たすための必要量さえあればよく、それ以上のタンパク質を合成することは無駄なはずである。しかし実際には、機能としての必要量ではなく、溶解度という化学的な性質によって合成量が決まっていた。では、仮に余ったタンパク質があるなら何をしているのだろうか。おそらく、ただ存在し、それぞれが相互作用によって局所的な場を作っているのだ。タンパク質は分子と分子との相互作用に規定されて存在しているのである。そして、相互作用は溶解度に制約されている。まわりとなじみやすい性質を持つタンパク質はたくさん存在でき、そうでないタンパク質は少数だけが存在する。この溶解度の縁に生命が息づいているのである。

分子から「あいだ」へ

　分子は研究対象としては理想的な単位である。共有結合で結ばれているために安定で扱いやすく、また、数えることもできるからだ。さらにセントラルドグマやアンフィンセンドグマという見方が登場した20世紀半ば以降、生命科学は大きく発展した。

　だが、生命を理解し再現するためには、分子と分子との相互作用や水分子との関係を理解する必要があったのだ。わかりやすく対比すれば、共有結合で安定化された分子だけでなく、分子間にある非共有結合の理解が必要なのである。そして、非共有結合の全体を表す指標のひとつに溶解度がある。本章はここまでをお話ししてきた。

それでは、モノが溶けるということはどういう現象だろう？　水に塩が溶けることと同じなのだろうか？　なぜ溶ける必要があるのか？　次章は溶解度という切り口で、分子と分子の「あいだ」に迫ってみたい。

第4章　生物は「溶かす」ことで進化した

前章では、生きた状態について物理学の言葉を使って「非平衡開放系と呼ばれる定常的な構造」だと述べた。生命は分子と分子の「あいだ」に宿る。分子と分子の相互作用の最適解が最終的に安定な状態になっていないために、準安定な状態を推移し続ける。細胞内のイオン組成が変わったり、タンパク質の構造が変わったりすることで、常に最適な相互作用が変化する。それが生きた状態を作りだすのである。言い換えると、細胞が死ねば、相互作用がただ安定な状態へと転がっていって、やがて動きが止まることになる。

タンパク質はそもそも不安定であり、だからこそ多様な状態を取りうる。しかし、タンパク質の分子間の相互作用が停止して固まると、凝集体という状態になり、それ以上は動かなくなる。すると、それが細胞死を引き起こす。そのため細胞内には「タンパク質が溶けているよう維持する」仕組みが存在する。これが相分離生物学の見方である。今回は、タンパク質が溶けるというミクロな現象と、生物の進化という巨視的な現象の関係について考えてみたい。

卵をゆでているときに起きていること

生きた状態は、モノが溶媒に溶けた状態であることを前提としている。モノが溶媒に溶けるかどうかは、「溶媒・溶質」間と「溶質・溶質」間に働く相互作用のバランスで決まる。つまり、溶媒である水分子と溶質であるタンパク質がよくなじむ組み合わせの場合には、タンパク質は水分子と混ざりやすくなり、よく溶ける。逆に、タンパク質とタンパク質が相互作用しやすい場合には、水分子とは混ざりにくくなり、溶けなくなる。そして溶けなくなると動きは止まる。溶けた状態から不可逆な凝集への移行が、分子レベルでの生死の分岐点となる。

そして、ごく簡単なことで、この「溶けるか溶けないか」のスイッチを切りかえることができる。たとえば、塩を水に加えると〝水溶液〟の性質が変わり、溶質の溶けやすさが変わる。塩析とよばれる塩による沈殿作用はこの例である。それとは逆に、〝溶質〟であるタンパク質の構造を変えても溶けやすさを変えることができる。身近な例として、卵白を加熱すると固まる現象を考えてみよう。物質はふつう、温度を高くすると固体から液体になるが、卵白は加熱すると固まる。言われてみると不思議に思えてこないだろうか。そもそも卵白はタンパク質が溶けている液体なのだが、加熱すると溶質であるタンパク質の立体構造が変わり、水分子と混じりにくくなる。するとタンパク質同士で相互作用した方が水に溶けているよりも安定になり、その結果、凝集が進んで固まるのである。タンパク質の濃度が高い場合、タンパク質分子のあいだでネットワークができて全体がつながるので、まさにゲルのようになり、ゆで卵ができる。また、タンパク質の濃度が低いときには、分子が集まった粒状の凝集体が無数にできるので、溶液が白濁する（第2章の実験参照）。

なぜ加熱するとタンパク質と水の相互作用の仕方が変わるのだろうか。分子に注目すると次のようなことが起きている。タンパク質はアミノ酸が連なった1本鎖のペプチドである。タンパク質を構成するアミノ酸は20種類あり、水になじむ親水性の性質を持つものと、水になじまない疎水性のものがある。タンパク質が水によく溶けている場合、親水性アミノ酸が外側に、疎水性アミノ酸が内側に集まった構造を取っている。つまり、水に溶けるかどうかはアミノ酸の1本鎖からどのような立体構造になるかで決まるのである。しかし、タンパク質を加熱すると、立体構造が壊れて水になじみにくい領域が外側に露出してしまう。疎水性領域が現れると、その部分は水分子よりもタンパク質同士で集まった方が安定になる。このように相互作用の仕方が変わった結果、凝集体を形成するのである。*

生卵がゆで卵になるのは劇的な変化だ。大きな変化なので、分子の結合から変化している、つまり化学反応が起きていると思いたくなるかもしれない。しかし卵白に限って言えば、タンパク質の分子

＊　アミノ酸の疎水性の指標となるハイドロパシーインデックスを提案した論文は、2万2000回も引用されている(1)。この引用数は1億本ある学術論文のトップ100に入るほどで、ハイインパクトな成果と言える(2)。タンパク質が水に溶けるかどうかの指標を作ることは、想像する以上に非常に価値のある研究なのである。

はただ変形しただけだ。そしてたったそれだけのことで、分子と分子のあいだが変化し、透明な溶液が白く固まってしまうのである。

ホフマイスター系列

タンパク質が水に溶ける現象を研究したもっとも初期の研究者に、ドイツの生理学者フランツ・ホフマイスターがいる。1880年代から90年代にかけて、ホフマイスターらは、卵白や血清などに塩《えん》を入れると沈殿することを詳細に観察し、7本ほどの論文にまとめて報告している。その際に、塩の種類をさまざまに変えて実験すると、沈殿を生じやすいものとそうでないものがあることがわかり、沈殿させやすい順に並べた。これが現在、ホフマイスター系列と呼ばれる順列である。当時の論文をひもといてみると、*タンパク質を沈殿させる塩が利尿作用を示し、溶解させる塩は下剤作用を示すといったような生理的な作用との関連を詳しく議論している。今聞くと、両者の関係があまりに遠くて少しこっけいに思える仮説だが、当時はタンパク質がアミノ酸のポリマーであることもわかっていなかったのだから、それもしょうがないだろう。

ホフマイスターがタンパク質溶液に加える塩の種類によって白濁してくるものとそうでないものがあると発見してから、この仕組みを説明できるようになるまでに1世紀かかった。メカニズムがようやく少し理解できてきたのは、分子動力学シミュレーションが実用レベルになった2010年代に入ってからである。2017年にも『ホフマイスター系列を超えて』と題した論文が報告されている(4)。

溶けるという現象は、けっこう難しく、おそらく科学の中でもっとも長く研究されているテーマのひとつなのである。

溶解度を制御する現象として、以前から静電遮蔽効果が知られていた（第2章で紹介）。食塩（NaCl）を水に入れると、プラスのイオン（ナトリウムイオン）とマイナスのイオン（塩化物イオン）に分かれる。もしタンパク質がプラスの電荷を帯びていればマイナスのイオンがその近くに集まり、逆にマイナスの電荷を帯びていればプラスのイオンが近くに集まる。その結果、タンパク質分子のあいだに働く静電相互作用が弱められる。これが静電遮蔽効果である。

そしてこれ以外にも、タンパク質や水に対するイオンのなじみやすさが異なることが、最近ようやく明らかになってきた(5)。タンパク質の水溶液中に存在するイオンには、タンパク質になじみやすいものと水になじみやすいものがある。イオンがタンパク質になじみやすい種類であれば、そのイオンとタンパク質が混ざっているとき、水によく溶ける働きをもつ。逆にイオンがタンパク質になじみにくい種類であれば、イオン溶液中からタンパク質が析出する働きが生じ、タンパク質が沈殿したり凝集したりしやすくなる。これが、ホフマイスター系列と関係しているのである。

＊　当時の原稿はドイツ薬理学専門誌にドイツ語で書かれているが、ホフマイスター系列の研究の第一人者であるバリー・ニンハム教授らが２００４年にこの論文を英訳している(3)。ニンハム教授のホフマイスターへの深い愛を感じるが、この論文が実に１０００回も引用されていることからも、多くの研究者に興味を持って受け入れられていることがよくわかる。

前述の通り、ホフマイスター系列とは、タンパク質を沈殿させやすい順番にイオンを並べたものをいう。そのうち、タンパク質を沈殿させやすい性質を持つイオンを「コスモトロープ」という。この名前はコスモス（秩序）からきている。コスモトロープの例として、フッ化物イオンや硫酸イオンなどがある。これらは水分子になじみやすくタンパク質にはなじみにくいため、これらのイオンが溶けている水溶液ではタンパク質が析出する。

一方、タンパク質を溶かしやすくする性質を持つイオンを「カオトロープ」という。ヨウ化物イオンやチオシアン酸イオンなどがカオトロープだ。こういうイオンは、水分子よりはタンパク質になじみやすいので、タンパク質が分散した方が安定になって溶けていられるのである。

イオンは、静電遮蔽効果だけを考えると沈殿させる働きを持つはずなので、カオトロープの働きは不思議に思えるかもしれない。実際には、二つの働きが効果を示す濃度が異なる。カオトロープを少しずつ加えていくと、低濃度でも静電遮蔽効果が現れるので、数十ｍＭ《モーラー》*程度であれば遮蔽効果でタンパク質を沈殿させる。しかし数百ｍＭ以上になってくるとカオトロープの「溶かす」働きがでてきて、タンパク質がよく溶けるようになるのだ。カオトロープとはカオス（乱雑さ）からつけられた用語である。秩序だった水分子のネットワークを壊しやすくする性質があるため、タンパク質も溶けやすくなると言い換えてもいい。このように、溶液に含まれる物質によって「溶液の性質」が変化し、タンパク質が溶けやすくなったり、溶けにくくなったりするのである。**

シャペロンはタンパク質の凝集をふせぐ

タンパク質は生体内で凝集すると、本来の働きを失ってしまう。ときには細胞死を引き起こすこともある。タンパク質凝集は、アルツハイマー病やプリオン病、透析アミロイドーシスなど多くの疾患の原因になっていることもわかってきている[7]。そのため生体内では、タンパク質の凝集をふせぐさまざまな種類の〝タンパク質〟が働いていて[8]、一般にシャペロンと呼ばれる***。

シャペロンは、ショウジョウバエの細胞に熱を加えると発現量が増える〝ヒートショックタンパク質〟として発見された[9]。細胞に熱を加えるとタンパク質が変性しやすくなるので、その凝集をふせぐためにシャペロンが合成されるのである****。これまでに多様なシャペロンが見つかっており、ヒートショックプロテインの頭文字「ＨＳＰ」と、質量（kDa, キロダルトン）の数字とをあわせて、ＨＳＰ

＊　Ｍ（モーラー）は濃度の単位。mol/lと同じ。

＊＊　タンパク質の沈殿や凝集や相分離などの状態変化は、ホフマイスターからはじまり今も謎の多い、非常に息の長いテーマのひとつである。ホフマイスター系列はイオンの順列だが、たとえばアミノ酸やポリマーなど多様な添加剤（第3成分）でも凝集や相分離を制御でき、バイオテクノロジーやバイオ医薬品の開発に重要な役割を担っている[6]。

＊＊＊　シャペロンはフランス語で「社交界などで若い女性に付き添った女性」という意味がある。タンパク質のシャペロンも、自立をサポートするような、まさに原義どおりの働きがある。

＊＊＊＊　現在では、ヒートショックタンパク質（Heat Shock Protein）と呼ぶとき、原義の「熱によって誘導されるタンパク質」という意味ではなく、「シャペロンの働きのあるタンパク質」という意味で用いられることが多い。

27、ＨＳＰ40、ＨＳＰ60、ＨＳＰ70、ＨＳＰ90、ＨＳＰ１０４などと呼ばれている。[10]

その中でもＨＳＰ90は、熱を加えなくても細胞内に常に発現しているシャペロンの一種で、細胞内の可溶性タンパク質の１％から２％にも及ぶ主要なシャペロンである。[11]細胞内にある多くのタンパク質は、シャペロンが存在するおかげで、正常に溶けた状態を保っていられるのだ。

シャペロンはタンパク質の変異を緩衝する

シャペロンによるタンパク質凝集抑制のメカニズムは単純である。標的となるタンパク質の疎水性領域をシャペロンが認識して相互作用し、タンパク質の分子間の相互作用をさまたげることで凝集をふせぐ。放置すれば凝集するようなタンパク質が細胞内に存在するのは、ｍＲＮＡから翻訳されたばかりのアミノ酸の鎖が折り畳まれていく途中の段階や、熱などによりタンパク質の立体構造が一時的に崩れたときだ。その間はシャペロンに保護され、その後そのタンパク質がフォールディングすれば、疎水性領域がタンパク質の内部に埋もれてしまうため、シャペロンと相互作用できなくなって解離する。仕組みとしてはただこれだけである。

この単純なメカニズムが、38億年におよぶ生物の進化において重要な役割を担ってきたのだという。溶ける仕組みにまつわる魅力的な仮説を紹介したい。米国ハーバード・メディカルスクールのクリフォード・タビン教授らの研究チームは、２０１３年に次のような研究成果を報告している。[12]北米に生息する小さな魚であるメキシカンテトラは、かつて光の届かない洞窟の環境に適応して生息していた。

このメキシカンテトラにHSP90の阻害剤を加えたところ、さまざまな大きさの目を持つ個体が現れてきたのである。

この成果を読み解いてみると、次のようになる。生物の遺伝子にはときどき突然変異が生じ、従来とは異なる働きを持つタンパク質に変化する。そのほとんどすべての場合で、立体構造が壊れてしまったり不安定になったりするため、凝集や失活が起きやすくなる。そのような変異を持つ個体は生存に不利になるため、基本的には突然変異が入ってしまった個体は淘汰される。

しかし、細胞内にHSP90のような優れたシャペロンがあるとどうなるだろうか？　ある遺伝子に突然変異が生じた結果、そのタンパク質が溶けにくくなったとしても、シャペロンがあればタンパク質の凝集はうまくふせがれる。言い換えると、シャペロンがあれば突然変異が許容され、機能しないタンパク質を保持したまま、それを表現型に反映させずに生きることができるのである。生物はこのような状態で生きているため、今回のタビン教授らの研究成果のように、シャペロンの働きを阻害したり、もしくはシャペロンによってタンパク質変異を緩衝する能力を越えるストレスがかかったりすると、突然変異を起こしたタンパク質が身体に影響しはじめる。うまく発生できない個体や死亡する個体が増える一方で、多様な表現型を持った個体が生まれてくるのである[13]。

「溶かす」仕組みと生物の進化

生物の進化は、ダーウィンが見抜いたように〝変異〟と〝適応〟によって起こる。遺伝子にたまたま変異が入ることで表現型が変化し、その個体が環境に適応するならば、その遺伝子が後世により残りやすくなる、ということになる。一方で、生物集団が、突然変異の速度だけでは想定できない種類の変異体を生み出す可能性も昔から示唆されてきた[14]。大きな環境変化が起こっても、それに対応できるような生物が必ず速やかに現れてくるからである。通常の環境で生育しているあいだは表現型としては現れないが、環境の変化によってある遺伝子の変異が表現型になって現れる。このような変異を「隠蔽変異」という[15]。そしてHSP90の働きこそが、隠蔽変異を生みだす分子メカニズムだったのだ。シャペロンがあることで、進化が加速するのである。*

ふだんはシャペロンが多様な遺伝子変異を緩衝している。そしてあるときシャペロンが機能しなくなると、シャペロンによって緩衝されていたさまざまなタンパク質の変異が表現型として現れ、生物集団に多様な表現型が一挙に放出される。つまり、スーザン・リンドキスト博士がうまく名付けたように、HSP90は〝進化のキャパシター〟として働いているのだ[17]。進化のキャパシターとしての機能は、最初に報告されたネオンテトラだけに限られたものではなく、酵母やショウジョウバエやシロイヌナズナなどにも現れることが後に明らかになっている[18]。

進化のキャパシターが遺伝病の発症をふせぐ

ヒトのシャペロンも進化のキャパシターとして機能する[19]。ファンコーニ貧血は遺伝病の一種で、現在では19種類の遺伝子が疾患の原因であるということがわかっている[20]。ヒトの難病のひとつであり、

DNAを修復するタンパク質に変異が入っているために生じる疾患である。そのため、患者は薬剤などによるDNA損傷を受けやすい。血液の再生不良による貧血や白血病などの合併症も引き起こしやすいという特徴がある。

実はこのファンコーニ貧血の発症も、シャペロンによって抑制されている。[21]これも隠蔽変異のひとつである。HSP90の働きによって、普段は変異の影響が抑えられていて健常に見えるのだが、何かのきっかけでHSP90の働きが悪化すると発症するのだ。このような成果を見ていると、同じ遺伝子の変異を持っていても、一部の人だけが病気を発症する理由や、同じ薬を投与しても一部の人には効果がない理由などがうまく説明できるだろう。[22]薬のターゲットとなる遺伝子産物（タンパク質）の機能は、そのタンパク質が存在するかどうかだけでなく、シャペロンによってさらに制御されているのである。

また、がんにもシャペロンが関わることがわかってきている。がん細胞は急速に増殖しているために修復機能がおいつかず、遺伝子に変異が入る可能性が高い。変異の入ったタンパク質はフォールデ

＊　変異が入ると、タンパク質の立体構造は基本的には不安定になる。大腸菌を使った実験によると、変異によるタンパク質の立体構造の不安定化は通常では1kcal/molが限界だった。これ以上不安定な変異が入ると、大腸菌は生存できない。ところが、シャペロンを過剰発現させると、変異が3.5kcal/molまで不安定化しても許容されるという報告がある[16]。シャペロンの過剰発現によって多様な変異が入っても生存が可能になり、その結果、進化が加速するのである。

ィング異常を起こしやすいため、がん細胞ではシャペロンの発現量が多い。(23) 言い換えれば、がん細胞は、シャペロンが発現しなければ異常なタンパク質の凝集が進んで死ぬため、そもそも増殖できないのである。つまり、シャペロンは抗がん剤のターゲットにもなることを意味する。実際にこのような考えで薬の開発が進められており、腎臓ガンや肝臓ガンの治療薬ネクサバールや(24)、骨髄線維症のルキソリチニブ(25)などはすでに治療に使われるようになっている。*

老化とタンパク質凝集

タンパク質の凝集は細胞死や疾患を引き起こすだけでなく、老化にも関係する可能性が高い。線虫の場合、加齢とともに細胞内にタンパク質凝集が生じやすくなるという結果が報告されている。(27) 線虫の壮年期である誕生6日目ではタンパク質の凝集量は増えないが、平均寿命の12日に至ると、タンパク質のトータルの発現量は変化しないにもかかわらず、細胞内にあるタンパク質の凝集量が顕著に増えるのだ。(28) 酸化や脱アミド化などの化学劣化によって溶けにくくなった不良タンパク質が除去しきれなくなり、タンパク質凝集体が蓄積しやすくなるからだろう。このように細胞内のタンパク質の状態を保つ仕組みのことをプロテオスタシスという。(29) これは加齢や健康寿命との関係で近年重要になっているキーワードである。

ヒトでの研究は、さすがにモデル動物よりは遅れているが、結論は同じと考えてよさそうだ。20代の5人と64歳以上の5人の広背筋から分離した不溶性のタンパク質凝集量を比較した報告がある。(30) その結果、高齢者の細胞にふくまれるタンパク質凝集量の方が、若者のものと比べて2・1倍も多かったのである。タンパク質凝集は骨格筋の機能の低下に関わる可能性があるという。

マージナル・スタビリティ

タンパク質の安定性はそう高くない。ゆで卵の現象と同じように、溶液環境の変化によりしばしば立体構造が壊れて働きを失い、溶けなくなって凝集する。タンパク質の溶液中でのこのわずかな安定性を「マージナル・スタビリティ」という[31]。

タンパク質の変性や凝集は細胞死を引き起こし、また疾患や老化にも関係する。もしこの性質が生物にとって悪影響しかないならば、タンパク質はもっと高い安定性を獲得するように進化してきてもよさそうなものだ。しかし、進化的にそうならなかった。それはなぜなのか。それは、不安定性こそがタンパク質の本質だからである。タンパク質が不安定だから、それを緩衝する仕組みが生まれてきた。その結果、急激な環境変化にも対応し、適応できる個体が生まれ、38億年のあいだ、こうして連綿と進化し続けてこられたのだ。

＊　ただし、シャペロンによるフォールディングの補助は正常細胞の生育にも不可欠である。シャペロンの発現を抑制すれば、多くのタンパク質に影響が及ぶため、薬のターゲットにはなりにくい。そのため、たとえばＨＳＰ90を阻害する薬剤の成功例が少ないのも事実である[26]。ただし、他の化学療法薬との併用で高い効果を示す可能性はあり、新しい創薬の仕組みとして期待されている。

生卵がゆで卵になるという、このありふれた現象が分子レベルでの生死を分ける境界であり、この性質の背後にはタンパク質の不安定性がある。にもかかわらず、この不安定性こそが生物の多様性を生み出し、38億年にわたり生命を存続させてきたのである。

第5章　溶液の構造をデザインする

20年前、ポスドクだったころに、超好熱菌のタンパク質の研究をしていたことがある。京都大学の今中忠行先生らが鹿児島の温泉から発見したサーモコッカス属の超好熱菌は、生育に最適な温度が80℃で、100℃の高温でもピンピンしている(1)。そこにはいったいどんな仕組みが隠されているのだろうか？　実に興味深いテーマである。

相分離生物学的な視点に最初に興味を持ったのは、この研究の準備作業がきっかけだった。研究には多量のタンパク質が必要になるので、まず遺伝子組換え技術を使ってタンパク質を調整する。次のような手順である。超好熱菌のタンパク質の遺伝子を書き込んだプラスミドベクターを大腸菌に導入して菌を培養すると、すぐに増殖し、1滴の大腸菌が一晩で1リットルの泥水のような状態になる。ここで導入しておいた遺伝子の発現スイッチとなる試薬を入れると、大腸菌は組換えタンパク質の合成をはじめる。十分にタンパク質を作らせたあと、超音波破砕装置で菌体を壊すと、目的タンパク質を含んだ溶液を得ることができる。ここまではよくある組換えタンパク質の調整法であり、特別な作業はしていない。

この大腸菌の破砕液は、率直な表現をすれば、便を水で溶かしたようなものだから、ドロドロしているし匂いもある。ご想像の通り、ここから目的のタンパク質だけを精製するのは、普通はけっこう手間がかかる。カラムクロマトグラフィーを何種類か組み合わせて、タンパク質の大きさや電荷や担体との親和性などの性質の違いを利用して精製を進める必要があり、トラブルがなくても1週間は必要になる。

しかし、超好熱菌タンパク質の精製はすぐに終わる。ドロドロの大腸菌の破砕液を三角フラスコに入れて湯煎すると白濁していく。取り除きたい大腸菌のタンパク質が、熱に耐えられずに凝集していくからだ。そこには脂質やＲＮＡなども巻き込まれているので、遠心分離すれば透明な上清が得られる。この溶液はかなり綺麗で、超好熱菌のタンパク質のほかは、塩やアミノ酸などの低分子だけが含まれているだけである。透析して低分子を除去し、カラムをひとつ通せば精製が完了する。熱への安定性を生かした素晴らしい精製方法である。*当時、相分離生物学という言葉はまだなかったが、この方法を教わったときの印象は忘れがたく、分子と分子の間に働く作用の威力を実感した。そして後に、タンパク質凝集の研究をはじめることになった。

アミノ酸1個でタンパク質の性質が変わる

精製した超好熱菌タンパク質に話を戻そう。大腸菌の持つタンパク質は、加熱すれば立体構造が壊れてしまって凝集する。私たちヒトも当然ながら、80℃の温泉には耐えられない。しかし、超好熱菌のタンパク質は加熱してもびくともしないのだ。なぜこれだけ熱安定性が高いのだろうか？

タンパク質を構成しているアミノ酸はどの生物でも同じである。超好熱菌も大腸菌もヒトもすべて、そのタンパク質は同じ20種類のアミノ酸のセットを組み合わせて作られている。だから素材であるアミノ酸そのものが熱に安定ということではない。タンパク質の立体構造が安定なのだ。

大腸菌のタンパク質と超好熱菌のタンパク質を比べてみると、同じ働きをするもの同士の折りたたまれ方はほとんど同じである。だが、よく見ると少しだけ違う。超好熱菌タンパク質は、わずかに電荷を持つアミノ酸が多いのだ(3)。タンパク質が立体構造を形成するときに、プラスの電荷を持つアミノ酸とマイナスの電荷を持つアミノ酸が近づくと、静電相互作用が働き、ソルトブリッジ（塩橋）と呼ばれる構造ができる(4)。この塩橋が超好熱菌タンパク質ではたった何本か多く張り巡らされていて、耐熱用の保護シールドとして働いているのである。

＊　もっとも熱安定性が高いタンパク質として、パイロコッカス属のタンパク質ＣｕｔＡ１が知られている(2)。１５０℃でも立体構造が壊れない。熱力学的な原理から考えると、この温度がタンパク質の立体構造が安定に保たれる上限とされる。

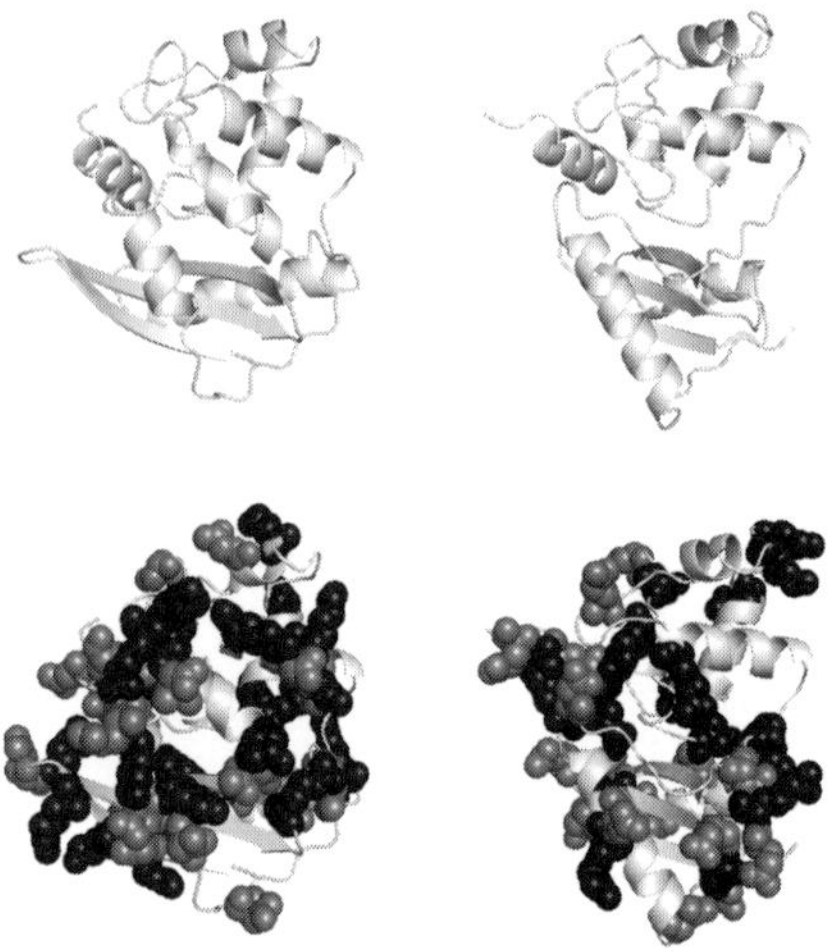

図 8　超好熱菌由来のメチル基転移酵素（左）と大腸菌由来の同じ働きをする酵素（右）。上段には主鎖だけを示し、下段にはそこに電荷を持つアミノ酸側鎖を重ねたものを示す（画像の PDB ID　超好熱菌の酵素：1MGT、大腸菌の酵素：1SFE）。

私がポスドクのころ研究していた超好熱菌のタンパク質であるメチル基転移酵素を見てみよう（**図 8**）。上の二つは、アミノ酸の主鎖だけを描いてある。左側は超好熱菌由来の酵素、右側は大腸菌由来の酵素で、同じ機能を持つ。いずれもアミノ酸がペプチド結合した1本のヒモであり、αへリックスと呼ばれるらせん状の構造や、βシートと呼ばれる伸びた構造など、ほとんど同じ位置に同じように配置されているのがわかる。図の下の二つは、ペプチドの主鎖の上に電荷を持つアミノ酸の側鎖だけを表示したものである。超好熱菌由来のタンパク質の方が、わずかだが電荷を持つアミノ酸が多く、タンパク質表面がそれらに覆われている様子がわかる。超好熱菌由来のメチル基転移酵素は１７４アミノ酸からなり、そのうち46個のアミノ酸が電荷を持つが、大腸菌由来のものは１８０アミノ酸からなり、41個のアミノ酸が電荷を持っている。

このくらいの違いしかないのは意外である。このくらいの違いしかないにもかかわらず、立体構造が壊れてしまう温度は、超好熱菌の酵素で99℃、大腸菌の酵素で44℃であり、実に50℃以上も違う⑸。進化的に10億年以上も前に分かれており、生息する環境も温泉の熱水と哺乳類の腸内とまったく違っているが、似たような立体構造でほとんど同じ活性中心を持ち、同様の機能を担うことができる。それはひとえに、地上にある多様な環境にごくわずかな変化で適応できる、タンパク質のこのような柔軟な性質に由来するのである。

実験室で進化をおこす

アミノ酸のわずかな変化でタンパク質の安定性が劇的に変わることがあるとわかったのは、比較的最近のことである。しかしそのはるか以前から、タンパク質の〝品種改良〟が模索されてきた。タンパク質の安定化の原理が解明されれば、バイオテクノロジーへの応用としても期待できるので、遺伝子組換えが実用化された１９８０年代から盛んに研究が行われてきた。タンパク質の中心部にあるアミノ酸をより疎水性の高いものに置き換えたり、または、タンパク質表面に新たな塩橋を導入したりすることで、安定なタンパク質に改変しようというわけだ。このように特定の箇所のアミノ酸を変えることを、部位特異的変異法と仰々しく呼ぶこともあった。しかし１９９０年代になるころには、部位特異的変異法による合理的デザインはけっこう難しいことがわかってきた。

21世紀に入ると、タンパク質の安定性を自分たちで考えてデザインしようという野心的な試みは下火になり、進化工学を用いる方法が主流になっていった。なかでも２０１８年のノーベル化学賞にもなった指向性進化法が有名である。その名の通り、ランダムに変異を入れたさまざまなタンパク質を合成し、安定になったものを選択することで、実験室で突然変異と淘汰を繰り返すという手法だ。進化というものはすごいもので、人間が知恵を絞って「ここだ」と判断してデザインするよりもはるかに適切に、優れたものが得られるのである。

なぜ、人為的な「合理的デザイン」は失敗するのだろう。冒頭で紹介した通り、タンパク質の立体構造をさらに安定化したり凝集をふせいだりするために、「大改造」は必要なさそうに思える。何百個ものアミノ酸からなるタンパク質のうち、せいぜい一つか二つのアミノ酸を置き換えるだけで十分に効果を発揮するケースが自然界にはある。しかし、人がどこをどう変えるといいのか見当をつけて置き換えても、たいてい失敗に終わってしまうのである。

部位特異的変異法を使って、しらみつぶしにアミノ酸を置き換え、得られたタンパク質の安定性を調べた例がある。トリプシンインヒビターという58個のアミノ酸からなる小さなタンパク質のアミノ酸をひとつずつアラニンに置き換えたとき、安定性がどう変わるのかを調べた結果である。[6] すべての組換えタンパク質を発現して精製し、各タンパク質の安定性を調べるのだから、大変な実験量だ。

四半世紀前のユ・ミョンヒ博士らのたいへんな努力に感謝しながらこの論文を読んでみると、1箇所のアミノ酸を小型アミノ酸のアラニンに置換しただけで、立体構造を形成しなくなる場所が5箇所もあった。たった1アミノ酸の置換がこれほどの影響を及ぼすのだ。熱安定性が10℃以上も低下する部位が、全体のアミノ酸の3分の1もあった。メチル基（CH_3）をひとつ増やすだけで17℃も熱に不安定になったものや、水酸基（OH）をひとつ減らすだけで12℃も熱に不安定になったものもあった。逆に、熱安定性が増加するアミノ酸の部位も3箇所あった。このようにアミノ酸1個の置換で劇的な変化が起きうるということは、改変の効果が置換したアミノ酸の周辺だけではなく、タンパク質全体に及ぶことを意味する。そのため、もとのタンパク質にちょっと機能を追加するだけのつもりで研究者が改変すると、往々にして意図した効果以外の〝副作用〟を引き起こしてしまうのである。タンパク質がわずかな変化で柔軟に環境に対応できるからこそ、進化以外による制御は至難の技なのだ。

他の環境においても同様である。深海にある高圧の環境で生息する絶対好圧菌（大気圧下ではまったく生育しない細菌）シュワネラベンティカのイソプロピルリンゴ酸脱水素酵素は、通常の細菌が持つ同じ酵素と比べて、たったひとつのアミノ酸の違いしかない[7]。こちらもまた、水酸基ひとつによって耐圧性を獲得していることになる。

タンパク質の安定性とは、こういうものなのである。アミノ酸を1箇所置き換えるだけで、熱に対する安定性が何十℃も変わったり、何百気圧もの耐圧性を得たりする。もっとも活性を発揮できるpHがたった1アミノ酸の変化で制御されている[8]。このようなタンパク質のすぐれた適応可能性によって、生物は温泉の源泉や深海にある熱水噴出孔のまわりにも、南極の冷たい氷の表面や哺乳類の大腸の中にも、飽和食塩水の湖や強酸性の池にも生息できるようになった。言い換えると、タンパク質は地球にあるさまざまな環境に適応できる程度に高い柔軟性があり、それが進化によって獲得されうる性質を持って存在しているのである。

低分子がタンパク質の振る舞いを左右する

タンパク質の秘めたるポテンシャルが生物の環境への適応可能性を広げたのは事実だが、一方で溶液に溶けている小さな分子も重要な役割を担っている。溶液の性質はそこに溶けている低分子の影響を受け、それによりタンパク質の溶け方も変化するのだから、当然のことである。その原点にあたる研究に、米国ウィットマンカレッジの海洋学者ポール・ヤンシーらによる『水のストレスと生きる——オスモライト系の進化』がある。[9] タンパク質が静水圧に耐えられるよう、低分子を利用していることを指摘した1982年の論文だ。*

海洋に棲む生物の細胞は、外部からの高水圧に耐える必要がある。そのため、フジツボやカニ、ヒトデ、エイ、ウナギなどの細胞には、アミノ酸誘導体や糖質などの低分子化合物がかなりたくさん含まれている。このような有機物をオスモライトという。浸透（osmo）と溶ける物質（lyte）から作られた用語だ。なかでもトリメチルアミンオキシドは、深海に生息する生物ほど濃度が高くなるので、ピエゾライトと呼ばれることもある。[10] ピエゾ（piezo）は圧力を意味し、「押す」という意味のギリシャ語に由来する。

トリメチルアミンオキシドの化学構造はかなり単純で、窒素に三つのメチル基と酸素が結合している（$(CH_3)_3NO$）。この分子が細胞にたくさん含まれていると、何百気圧もの圧力下でも細胞が潰されることがなくなる。また、この分子は水になじみやすいため、タンパク質の立体構造が広がりにくくなって、機能を発揮できる形状（ネイティブ構造）が安定化するのである。

トリメチルアミンオキシドは、面白いことに、私たちの腎臓の細胞にもたくさん含まれている。腎臓の細胞には、代謝産物として尿素がたくさん含まれている。そして尿素は、タンパク質の立体構造を壊す働きがある変性剤でもある。そのため、タンパク質の構造を安定化するトリメチルアミンオキシドを合成して蓄積することで、尿素によるタンパク質の変性をふせいでいるのである。深海に生息する貝類と、哺乳類の腎臓が、タンパク質を安定化するために同じ分子を合成して利用しているのだ。収斂進化の典型例である。

もう一例紹介しよう。ポリアミンはすべての生物が持つ化合物である。プラスの電荷を持つポリアミンは、マイナスの電荷を持つDNAやRNAと相互作用してそれらの構造を安定化する働きを持つ。そして超好熱菌の細胞内からは、長いポリアミンや、十字型をしたポリアミンなどの特別な構造を持つ分子が発見されている[11]。このような大きなポリアミンによって、DNAやRNAの構造をさらに安定化していると考えられる。さらにポリアミンは、タンパク質の凝集抑制剤として働くこともわかってきた[12]。メカニズムは単純で、プラスの電荷を持つ低分子があるとタンパク質の分子間での衝突が起こりにくくなるため、凝集が抑制できるのだと考えられている。

＊　この論文はサイエンス誌の公式サイトから誰でもダウンロードできる。ファイルを見てみると、古い文献にありがちな、紙の雑誌をスキャンしてPDFに変換したものらしく、不心得者による書き込みの跡が残されている。何だか歴史的文化財のような趣があって味わい深い。

タンパク質を安定化するために働くこのような小さな分子は、もちろん細胞が自ら合成したものだ。つまり細胞は、それぞれの環境に適応するために代謝経路を変え、特別な分子を合成して細胞内の溶液の性質をチューンナップしてきたのである。ここにも溶ける・溶かすという関係と、進化と適応が可能なメカニズムが見てとれる。

エネルギー通貨ATPの裏の顔

このようないわば特別な分子だけではなく、ありふれた分子にもタンパク質を溶かす働きがある。ATPはどの細胞にもみられる分子で、末端のリン酸基の結合部分にエネルギーを貯めることができる。このエネルギーを利用して、酵素を活性化して分子の合成を進めたり、モータータンパク質を動かしたりすることが可能だ。すべての生物が利用しているので「エネルギー通貨」と呼ばれることもあるが、エネルギーを出し入れできるので「エネルギーSuica」というほうが実態にあう。

マックスプランク研究所のアンソニー・ハイマンらの研究チームは、2017年、『ATPは生物学的なハイドロトロープである』という論文を報告している。[13] 発表当時、広くSNSなどでも話題になった論文だ。

ハイドロトロープとは、水に溶けにくい物質を溶かす分子のことをいう。生化学の父として知られるカール・ノイベルグが1916年に名付けたとされる由緒ある用語だ。[14] オスモライトはタンパク質と結合しにくい性質によってタンパク質の立体構造を安定化するが、ハイドロトロープは逆に、溶質と相互作用しやすい性質があり、その結果、その溶質を水に溶かす性質を持つ。

前述の論文はなぜ注目を集めたのだろうか。ＡＴＰを利用する酵素は、ふつうＡＴＰときわめて高い親和性を持つ。そのためＡＴＰはμＭの濃度で十分に機能できる。ところが細胞内には、通常ｍＭ、つまり１０００倍もの濃度のＡＴＰがある。なぜこれほど高濃度のＡＴＰが細胞内にあるのだろう？ＡＴＰはエネルギーＳｕｉｃａ以外の役割を持つのではないかと考えたハイマンらは、ＡＴＰをタンパク質溶液への添加剤として用いたとき、タンパク質の溶解性にどのような影響を及ぼすのかを調べてみた。その結果、いくつかの種類のタンパク質をよく溶かすことがわかった。そのひとつが筋萎縮性側索硬化症（いわゆるＡＬＳ）の原因となるＦＵＳタンパク質だったこともあり、この論文に高い価値が認められたのである。

この結果は次のように解釈することができる。細胞内に過剰なＡＴＰがあることで、タンパク質が溶けやすい環境になっている。だが、代謝が不活性になったり、あるいは加齢によってＡＴＰの濃度が低下すると、タンパク質が溶けにくくなり、やがて凝集体を作って細胞毒性をひきおこす。それがたとえばＡＬＳの発症の原因になったりするのだろう。代謝が活発に進行している間は細胞質の流動性が上がることが知られているが[15]、これはＡＴＰの潤滑油としての働きによるのかもしれない。なおＡＴＰのハイドロトロープとしての性質に気づいたのは、実はハイマンらが最初ではない。ハイマンらも論文の冒頭に引用しているように、ハイドロトロープの名付け親のノイベルグらが１９５０年代にすでにこの性質を報告していた[16]。

このようなATPのハイドロトロープとしての機能が、代謝の働きの他にも、疾患の発症や細胞の老化とも関係するならきわめて重要な発見である。しかし、細胞内でATPがハイドロトロープとして本当に働いていると結論づけるまでにはもう少し研究が必要だという指摘もある。*ともあれ、こうしてATPのハイドロトロープとしての性質が70年もたって再検討され、トップジャーナルに記載されて議論が起こっているのは興味深い動向と言える。

その経緯には、もちろん相分離生物学の誕生が関係している。これまでにも述べてきた通り、タンパク質にしてもATPのような低分子にしても、化学反応への直接の関与がくわしく調べられ、いきおい、それだけが役割だと考えられてきた。しかしそれ以外の、細胞内にただ存在している状態に目を向けると、溶けること・溶かすことなどの、細胞内の溶液状態の維持に関与しているという、真の顔が次々に明らかになってきているのである。

溶液の性質は、極限環境生物がタンパク質安定化剤として使っているオスモライトやピエゾライト、DNAやRNAを安定化しタンパク質の劣化をふせぐポリアミン、タンパク質をよく溶かす働きのあるATPのような低分子によって調整を受けている。このような分子の性質の研究は、生物が生息環境を広げるメカニズムを理解する上で興味深く、これからも発見が続いていくだろう。そして、このような基礎研究が充実すれば応用研究が展開されるのも科学の特徴である。最後に低分子のバイオテクノロジーへの応用を紹介したい。

アルギニンのテクノロジー

アルギニンという名前をどこかで聞いたことがある方も多いだろう。サプリメントなどにも入っている天然アミノ酸の一種で、舐めると苦味がある。このアルギニンには、タンパク質をよく溶かす働きがあり、バイオテクノロジーやタンパク質の精製に広く用いられている。

アルギニンの「溶かす機能」に関する最初の報告は、ドイツの生化学者ライナー・ルドルフ博士らのグループによる論文にさかのぼることができる。(18) 抗体の断片を精製するときに、アルギニンを加えておくと収率が改善するという結果が、図の1枚に記されている。なおドイツ統一の前夜である1990年9月に投稿された論文なので、連絡先の住所がＦＲＧ（西ドイツ）のままである。

この歴史の転換期は、科学の世界では遺伝子組換え技術が本格化し、必要なタンパク質を多量に調整したり、抗体薬への応用が期待されたり、または家畜などのクローン生物が作られていた時代でもあった。だが、人工タンパク質を多量に調製するのが想像よりもはるかに難しいことがはっきりした

＊　レーゲンスブルク大学のワーナー・クンツらの研究グループは、ハイマンらの論文のタイトルを意識した『ＡＴＰは本当に生物のハイドロトロープなのか？』という論文を報告している(17)。専門的な説明になるが、ＡＴＰは表面張力を低下させず、疎水性の有機物を塩溶させる働きがないこと、また、タンパク質の立体構造を安定化することを示し、カール・ノイベルグが定義したハイドロトロープというよりも、フランツ・ホフマイスターが定義したコスモトロープの性質に近いのでは、という指摘である。このような古い専門用語がリバイバルし、再検討されていること自体が大変面白い。

のもこのころだった。大腸菌の中で組換えタンパク質を合成させると、フォールディングの途中でどうしても凝集してしまうのだ。当時、ルドルフらは、抗体を組換え体として調整する方法を開発する過程で、アルギニンを加えておくとうまく精製できることをたまたま発見した。アルギニンのこのケミカル・シャペロンとしての機能の発見は偶然だったと彼は後に総説に書いている。(19) 確かにこれは狙って発見できるようなものではない。

私の場合も同様だった。アルギニンに興味を持ったのは、本章の冒頭で紹介したように、超好熱菌タンパク質の研究をしていた20年前のことになる。超好熱菌タンパク質は湯煎しても耐えられるほど安定なのだが、一方で大腸菌のタンパク質は凝集する。なぜこのような違いが生まれるのかという素朴な疑問からタンパク質凝集への興味がはじまった。

タンパク質の凝集を拡大したところを想像すると、会合面ではアミノ酸同士が相互作用しているはずだ。タンパク質はアミノ酸が連なったものなのだから当たり前である。ならばタンパク質溶液にアミノ酸を入れると、タンパク質分子の会合が邪魔されて凝集をふせげるのではないか。そういう単純な発想で遊び半分で実験してみたところ、アミノ酸の種類によって、タンパク質凝集を抑制するものもあるし、逆に促進するものもあることがわかったのである。

とりわけアルギニンには、すぐれた凝集抑制の効果が見られたことに驚いた。アルギニンがL型でもD型でも効果を発揮し、いろんなタンパク質の凝集をふせぐ。おなじ塩基性アミノ酸のリシンはそのような効果が低く、アルギニンの側鎖だけの構造を持つグアニジンという化合物や、主鎖だけのグリシンにもあまり効果がなかった。あとから文献を精査してみると、組換えタンパク質の調整にアルギニンが利用されていることを知り、ルドルフらが発見していた組換えタンパク質のフォールディングを助けるということと、私たちが発見した加熱によるタンパク質の凝集をふせぐということが同じメカニズムによるではないか、という結論に至った。この一連の実験データを論文にまとめて、『アミノ酸の生物物理学的な役割』という変わったタイトルをつけて報告したところ、これが広く引用される論文になった。[20] 研究とはわからないものである。

たまたまやってみたこの実験から20年が過ぎ、アルギニンに関する論文だけでも50本は書いてきた。応用法も広がり、メカニズムもずいぶんわかってきた。アルギニンは芳香族化合物を溶かすというのが理解の鍵である。[21] タンパク質を加熱すると立体構造が壊れて疎水性の領域が露出する。その領域をアルギニンがマスクすることで凝集をふせぐのである。[22] まさにハイドロトロープの性質だ。たとえば、アルギニンを牛乳に入れると少し透明になるが、これはコロイド状に会合しているカゼインタンパク質が溶けて分散するためである。

アルギニンの応用は、タンパク質の精製法においてもっとも進んでいる。[23] 他にも、抗体医薬品の粘度の低減[24]や、ウイルスの不活性化[25]、プラスチックへのタンパク質の吸着の抑制[26]など、多様な応用法が開発されてきた。アルギニンは市販の製品にも使われている。たとえば、ミルボン社のパーマ液の「ネオリシオ」は、広告に「タンパク質サイエンス発想」とうたわれているように、アルギニンやグルコサミン類などの、タンパク質の熱凝集をふせぐ分子が配合されている。髪の毛はケラチンやケラ

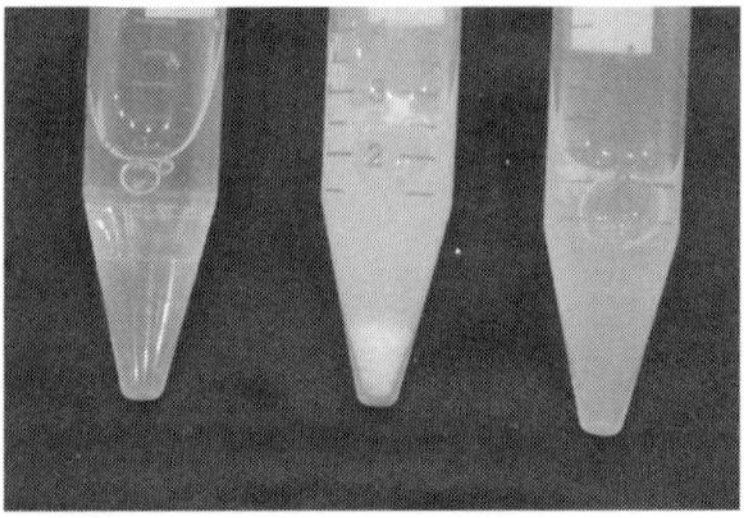

図9　水で薄めた卵白に、左からアルギニン、砂糖、塩を0.5mol/lになるよう加えたものを、5分間加熱したあとの様子。アルギニンを入れておくと透明な溶液のままだが（左）、砂糖や塩を加えたものは白濁が見られる（中央、右。画像：著者提供）。

チン結合タンパク質が主成分なので、こういう低分子を入れておくと熱ダメージをうまくふせいでくれるのだ。

アルギニンの面白さがわかる実験を紹介したい（**図9**）。卵白を水で薄めた溶液を準備して3本の試験管に入れる。ここにアルギニン、塩、砂糖を同じ濃度になるように加える。この3本の試験管を80℃くらいのお湯に浸けると、塩や砂糖を入れた卵白の溶液は1分もすれば白濁してくる。しかし、卵白にアルギニンを入れておいた溶液はまったく白濁しないのだ。30分加熱しても白濁しない。この実験は、オープンキャンパスでの高校生向けのデモンストレーションにぴったりだが、もともとはキユーピーとの産学共同研究の成果のひとつである。

キユーピーの抱えていた産業課題は、卵白の殺菌である。卵白を製品にする前にサルモネラ菌などを加熱殺菌する必要があるが、加熱すればもちろん卵白は固まってしまう。[*] そのためどうにかして凝集をふせげると産業的な価値があるということだった。そこで、私たちがよく知っているアルギニンの効果を調べてみたところ、卵白の凝集を完全にふせぐことがわかった。[28] タマゴの世界のコングロマリットであるキユーピーの研究者たちにとっても、ゆで卵の制御は難しいのである。

タンパク質の分子は一つ一つが複雑で多様な機能を持ち、面白い上に扱いやすい。だからこそ、長らく個々の分子が研究対象とされてきた。タンパク質の分子だけを1個ずつ高解像度で見るような研究である。それに対し相分離生物学は、広角レンズでその周辺までとらえてみる分野だ。すると、分子と分子の間や、周辺の無意味に思える過剰な低分子、タンパク質を構成するたった1個のアミノ酸が担う、重要な役割が新たにいろいろと見えてくるのである。

締めくくりに、相分離生物学的に考案した、ふわっとした卵かけご飯のレシピを紹介しよう。卵白の成分はタンパク質と低分子だけなので泡立ちやすいが、加熱すると凝集してしまうし、塩や脂質も泡立ちに悪影響をおよぼす。そのため、まず先に卵白だけを取りわけてよく混ぜておくことが大切である。メレンゲを作る要領だ。次にご飯とからめて黄身を割ってとろりとさせ、その上に醤油を足す。あまり混ぜずに食べた方が、卵白のやわらかさと黄身のコク、醤油の風味がそれぞれ生きてくるはずだ。

＊　ちなみに古い卵の方がプルっとしたゆで卵に仕上がるのは、時間とともに炭酸ガスが抜けてｐＨが上がるからである。卵白はアルカリ性だと粘弾性の高いゲルになるが、酸性条件では高野豆腐のようにボソボソになるのだ。しかし、泡立てる場合にはまた仕組みがちがう。気体と液体の界面では、タンパク質の立体構造が壊れた状態が安定である(27)。泡立てるとは気液界面の面積を急増させることであり、その気液界面を安定化するためにはより立体構造が壊れていた方がいい。そのため、たとえばｐＨが酸性になるレモン果汁を加えるとしっかりとしたメレンゲになるのである。

第6章　レビンタールのパラドックス

蛋白質機能の分子論

『蛋白質機能の分子論』は、私の書棚に並んでいる約5000冊の本の中でも、もっとも読み込んだ1冊である。小口が黒ずみ、本の角が取れてやわらかくなっている。私の手元にある本は1990年に出版された改訂版だ。187ページの手頃なサイズながら、タンパク質フォールディングを理解するために必要な情報が網羅された名著である。1990年は濱口先生が定年退官された年であり、ちなみに私が大学に入学した年でもある。

あらためてこの本を紐解いてみると、大学生のころにこの本を読んだときのことを懐かしく思い出す。タンパク質の2次構造や3次構造の測定法、熱力学的な扱いなどの基本的な内容の他に、疎水性の尺度や、2状態転移と協同性、野崎‐タンフォードの移相自由エネルギー、チョウ‐ファスマンの2次構造予測、ラマチャンドランのプロットなど、タンパク質を理解するための思考ツールが並んでいる。小さいころ父親の工具箱を開いたときの気持ちに似ていて、このすごい道具を自在に使いこなすことができるのなら、何だって理解できるような気がしたものだった。

私が卒業研究で配属されたのは、濱口先生が大阪大学理学部を定年退官されたあとの研究室で、当時助教授だった後藤祐児先生が指導教員だった。後藤先生は、濱口先生のもとで免疫グロブリンのフォールディングの研究をしたあと、カリフォルニア大学のトニー・フィンク先生のもとでタンパク質の中間体の研究を精力的に展開し、日本に戻ってきて助教授として自分の研究グループを立ち上げていた。

後藤先生はとにかく講義が面白かった。ペプチド鎖を表現するために長いヒモを持ってきて、実演しながら説明されていたのをよく覚えている。タンパク質の立体構造のフォールディングとは、要するにヒモの折りたたみの話である。ヒモをコンパクトな構造にすることを考えると、方法は二つくらいしかない。すなわち、ヒモの端からクルクルと巻いていったものがαヘリックスであり、ヒモの真ん中を持って2本に折り、さらに折って4本、8本にしたものがβシートである。このαヘリックスとβシートがタンパク質の骨格の基本構造だ。

タンパク質フォールディングは、語感がペーパーフォールディング（折り紙）とよく似ている。しかし両者は大事なところで違いがある。折り紙の方は「ひとの手で」折るが、タンパク質フォールディングは「ひとりでに」折りたたまれるのが特徴である。これは後藤先生の定番のダジャレだが、ここにタンパク質の本質がある。いったいなぜ、これほど複雑で多様な形状が、ひとりでにできあがるのだろう？

この現象を実験で再現したクリスチャン・アンフィンセンは、１９７２年にノーベル賞化学賞を受賞している。その後、タンパク質の研究者は半世紀ほどかけて、どういう仕組みによってタンパク質が「ひとりでに」折りたたまれるのかを調べてきた。今回はこの半世紀に及ぶタンパク質フォールディングの研究をたどってみたい。

ひとりでに折りたたまれる

タンパク質はアミノ酸がペプチド結合してできたヒモである。平均的なサイズのタンパク質の場合は３００個ほど、小さいものでも１００個くらいのアミノ酸が連なってできている。まさに後藤先生が授業で説明に使っていた1本のヒモのようなものである。このヒモは水溶液中で固有の構造を形成している（ネイティブ構造）。酵素や抗体として働くタンパク質の多くは、ネイティブ構造が1通りしかなく、アミノ酸配列のみによって決まっている。* それらのタンパク質は、ネイティブ構造になると、酵素として特定の物質を分解したり、または抗体として病原菌を認識したりとさまざまな機能を発揮できる。

言い換えれば、ネイティブ構造が壊れるとタンパク質は活性を失う。この過程を変性といい、たとえば温度を上げたり酸性にしたりすることで起きる。タンパク質の変性の研究は、タンパク質の発見と同時にはじまった古いテーマである。ミルスキーとポーリングが１９３６年に、タンパク質の変性とは、共有結合はそのままで非共有結合が壊れることで構造が変化することだと述べているのが原点とされる。[1] つまり変性とは、ヒモ（共有結合）自体は切れないけれど、折り畳まれてできた形状（非共有結合）が崩れるということだ。

もしヒモが切れていないのなら、元の形に戻せるのか。１９５０年代に入ると、クリスチャン・アンフィンセンらは変性したタンパク質が再生することを実証することに成功し、１ページ半の短い論文をサイエンス誌に投稿している。[2]

まず、リボヌクレアーゼの溶液に尿素と還元剤を入れると、ネイティブ構造が壊れて変性状態になり、酵素活性がなくなる。次に、活性がなくなったこのタンパク質の溶液を希釈すると、タンパク質を変性させる物質の濃度が減少するため、タンパク質は元のネイティブ構造に戻り、酵素活性も復活する。このようなタンパク質フォールディングの変性と再生の可逆性を示した1枚の図がつけられた、シンプルな論文であった。この1枚の図こそがタンパク質の物性の本質を表しており、１９７２年のノーベル化学賞を決定づけることになった。

この実験の価値をもう少し詳しく見てみたい。尿素は私たちが尿として排出する小さな化合物である。尿に含まれる程度の薄い濃度の尿素ならばタンパク質への影響はほとんどないが、高濃度になる

＊　なお、タンパク質によってはネイティブ構造を形成しない「天然変性タンパク質」など例外もある。その点は第7～8章で考察する。

とタンパク質の立体構造を分解させ、失活させる。英国の生化学者ラムスデンの1902年の論文に、飽和尿素液に死んだカエルを入れると透明になったという記述があるが、記録としてはこのあたりが最初期のものだろう(3)。

ポイントは、タンパク質の溶液中の尿素の濃度が上がるにつれて立体構造が少しずつ壊れるのではない、ということだ。尿素がある濃度までならタンパク質はネイティブ構造を保っているが、濃度がある一線を超えると立体構造が急激に壊れ、変性構造へと一挙に転移する。水が温度を変えると氷になったり水蒸気になったりするようなもので、タンパク質の構造変化も、尿素の濃度によってネイティブ構造になるか崩れた構造になるかが決まり、そしてどちらかしか取りえない。つまりこの現象は、熱力学的な状態変化なのだ。このようなタンパク質の構造変化を2状態転移といい、専門用語でタンパク質は協同的に変性する、などという言い方をする。このグラフの曲線から、タンパク質のネイティブ構造がどのくらい安定なのかを分析することができる。

アンフィンセンの発見は「タンパク質の熱力学仮説」と言われることもある。その意味するところは、タンパク質が取りうる多様な構造のうち、ネイティブ構造が熱力学的にもっとも安定な構造だということである。だからこそタンパク質は、ひとりでにネイティブ構造を形成できるのである。生物の機能を担うタンパク質の立体構造の形成が、学問体系の中でももっとも完成度が高い熱力学によって説明できるのだから、この発見はきわめて価値が高い。

レビンタールのパラドックス

しかし、「タンパク質がひとりでにネイティブ構造を形成するのは、アンフィンセンが明らかにしたように、ネイティブ構造がそれ以外の構造よりも安定だからである」という答えだけで納得してはいけない。実際にタンパク質がどのようにしてネイティブ構造を形成するのか、その過程を具体的にイメージできるだろうか？　ネイティブ構造がもっとも安定だとしても、アミノ酸のヒモはそれを知らないのに、どうやってそこに到達するのだろう？　これに答えるのは現在でも簡単ではない。

タンパク質はアミノ酸のヒモなので、各連結部分を曲げたりまっすぐ伸ばしたりたりすることで、多様な形状（コンフォメーション）を取ることができる。あらためて想像すると、その取りうる形のパターンはとんでもない数がありうる。たとえば100個のアミノ酸からなる小さいタンパク質を想定してみよう。アミノ酸とアミノ酸をつなぐペプチド結合は99個あり、そこにはいろいろな角度を取りうる二つの共有結合がある。それぞれの結合が、仮に10通りの角度を取れると見積もっても、10の198乗個ものコンフォメーションが存在しうるのである。宇宙にある原子の数が10の80乗個という見積もりがあるが、そういう数と比較してもはるかに多いコンフォメーションが存在することになる。構造変化がいかに速くても、全パターンを試していたら、もっとも安定な形状にたどり着くまでに天文学的な時間がかかってしまう。しかしタンパク質は、数ミリ秒から数分くらいの生物学的な時間スケールでネイティブ構造を探し出している。*

ではなぜタンパク質は、膨大な数のコンフォメーションから短時間にネイティブ構造を探し出せるのだろうか？　こう問いかけたのは分子生物学者のサイラス・レビンタールだった。[5]

タンパク質のコンフォメーションをゴルフ場にたとえてみよう。ゴルフコースの各地点はタンパク質の特定のコンフォメーションであり、どこにでもボールを置くことができる。近い場所同士は似たコンフォメーションを持っており、遠い場所同士は異なるコンフォメーションを持つとみなす。特別な意味を持つ地点は、ただひとつある穴《ホール》であり、これがネイティブ構造である。タンパク質が構造変化することは、ボールが移動することに相当する。このゴルフ場では、ボールは「ひとの手で」打たれて動くのではなく、「ひとりでに」動く。

ゴルフコースでボールが穴の位置を知らないままランダムに動き回って、たまたま穴に入る可能性は極めて小さいだろう。しかもこのゴルフコースは普通のサイズではない。コンフォメーションの天文学的な数を想像すれば、このゴルフコースは地球よりもはるかに広いので、ボールが転がって特定の穴に入る可能性はほぼゼロである。

こう考えると、ボールが太陽系規模のゴルフコースの上を適当に転がっているとは考えにくい。何らかの法則に基づいて転がっているはずである。言い換えると、タンパク質は進化的に保存され、最適化された特別なフォールディング経路を持っており、その経路に沿ってフォールディングしているはずである。そうすれば天文学的な時間を待つまでもなく、数秒や数分のオーダーでフォールディングすることが可能だ。これがレビンタールの導いた思考実験の結果であった。

モルテン・グロビュール

レビンタールのパラドックスを解決する鍵は「フォールディング中間体」である。タンパク質が特定の経路を通ってフォールディングするのなら、ある特徴を持った特定の構造を持つ中間体が存在しているはずである。ネイティブ構造ではないが、ネイティブ構造に近い立体構造が観察できるのではないかという仮説のもと、1970年代以降に中間体の探索が精力的に行われた。最初期の発見は、牛乳にたくさん含まれるタンパク質であるαラクトアルブミンの中間体だった(6)。

とりわけ重要な発見となったのがチトクロムcの形成する中間体だった。チトクロムcとはミトコンドリアにたくさん含まれる小型のタンパク質で、電子を受け渡す働きがある。チトクロムcを酸性条件にすると、広がった変性構造を形成する。いわゆる酸変性状態である。酸性の条件ではタンパク質にプラスの電荷が増えるため、電荷の反発によってヒモが広がった構造を取りやすい。さらに、ここにイオンを加えると、電荷が遮蔽されることで反発が抑えられコンパクトな構造になる。このコンパクトな構造が、興味深いことに、ネイティブ構造の骨格（2次構造）と類似しつつも、3次構造的なパッキングはなく、揺らいだ構造を持っていたのである。東京大学の和田昭允らは、この構造に「溶けた球（モルテン・グロビュール）」という美しい名前をつけた(7)。

＊（八一頁）タンパク質がネイティブ構造へとフォーディングする時間は種類によってまちまちで、速いものはマイクロ秒で終わる(4)。

こうして、タンパク質フォールディングは、はじめに骨組みとなるαヘリックスやβシートなどの2次構造ができてコンパクトな構造になり、その後、壁や屋根に相当する3次構造のパッキングが起こっていくと考えられるようになった。太陽系規模のゴルフより遥かにイメージしやすい結論である。以降、タンパク質フォールディングは階層的に進むものだと考えられるようになっていった。折り手はいないが、折り順はあるというわけだ。

非階層的フォールディングの発見

納得しやすい答えが得られたけれども、まだ話は終わらない。モルテン・グロビュールの発見から10年後の1994年、私は後藤先生の研究グループで卒業研究をはじめていた。研究の目的は有機溶媒中でのタンパク質の変性構造を調べることだった。研究の仮説は次のようなものである。エタノールやトリフルオロエタノールなどの有機溶媒が数十%も含まれた溶液中では、タンパク質はネイティブ構造が壊されるものの、広がった構造は取らず、αヘリックスに富んだ構造になることが知られていた。この構造こそが、フォールディングの初期に見られる構造を反映しているのではないかと考えたのである。つまり、モルテン・グロビュールを介した階層的なフォールディングモデルを、別の視点から検証しようというものであった。

そこで、入手可能なタンパク質を順番に調べていったところ、当初の予想に反して、ネイティブ構造と有機溶媒中での崩れかけた構造がまったく違うことがわかった。毎日のようにデータを見せにいくたびに、後藤先生がタンパク質のフォールディングはこういうふうにはならないはずだと不思議がっていたのをよく憶えている。階層的なフォールディングの理論から考えれば、有機溶媒中でのタンパク質の構造はネイティブ構造を反映しているはずで、両者の構造は似ていなければならなかったからである。最終的に、26種類のタンパク質のネイティブ構造のαヘリックス含量を横軸に、有機溶媒中でのタンパク質のαヘリックス含量を縦軸にプロットしたところ、見事に測定点がばらついた。当初の仮説が間違っていたのである。

とりわけβラクトグロブリンというタンパク質はもっとも極端な結果を示した。このタンパク質のネイティブ構造はβシートに富んだ構造を持つが、有機溶媒中ではαヘリックス構造を豊富に持っていたのだ。つまり、このタンパク質はランダムな構造からまずαヘリックス構造を形成し、そのあとにβシート構造をたくさん持つネイティブ構造を形成すると予想できる。ヒモでたとえるなら、最終的に8つ折りの構造を作るなら、最初はヒモの真ん中を持って折っていそうなものなのに、なぜか端からぐるぐると巻いていくようなのである。このようなやり方では、8つ折りの構造が現れてくるはずがない。この結果は、『トリフルオロエタノールによるβ-ラクトグロブリンのα-ヘリックス構造の安定化——非階層的なタンパク質フォールディングの示唆』と題した論文にまとめて報告した。[8]

この原著論文はデータ量が多く、データベース的な価値を買われて今もよく引用されている。しかし本当の見所は、階層的なフォールディングモデルが定説となっていた時代に、後藤先生がタンパク質フォールディングの新しい概念を提唱しようと丁寧な議論を展開している考察のパートである。いわく、有機溶媒中では近距離での相互作用が働きやすく、そこでαヘリックスを巻きやすいということは、これがフォールディングの中間状態を反映していると考えてよい。しかし、この論文の結果によれば、天然構造と有機溶媒中の構造には相関がない。つまり、「フォールディングは天然構造に向かって階層的に進む」というモデルは必ずしも正しくはないのだと、熱い口調で書かれている。

それから6年後、核磁気共鳴法を用いたかなり面倒な実験の末、βラクトグロブリンのフォールディング中間体が実測された。その結果、確かにこのタンパク質は階層的にフォールディングしないことが明らかにされた(9)。

パスウェイからファネルへ

階層的にフォールディングするように見えるαラクトアルブミンやチトクロムcがある一方で、階層的にフォールディングしないように見えるβラクトグロブリンがある。さらには、どうやっても中間体が検出できないタンパク質の発見も続き、タンパク質フォールディングは階層的に起こっていくとも起こっていかないとも言える、曖昧な状況に陥った。左でもあり右でもあり、左右どちらでもないとしか言えないような基準には意味がなく、そもそも基準自体が間違っていることに他ならない。これらの矛盾をひっくるめて説明しようとしたのが、ピーター・ウォリネスらが提唱したファネルモデルである(10)。ファネルとは漏斗を意味する。醤油などの液体をこぼさずビンに移すための、円錐の頂点にストローを付けてひっくり返したような形のあの道具である。

ここでふたたび、タンパク質の構造をゴルフコースのたとえ話で整理してみたい。ゴルフコースの穴がネイティブ構造に相当する。穴ではないすべての部分がもし平らで何の特徴もないのであれば、ボールがランダムに転がって穴に落ちるまでには長い時間がかかる。ましてやタンパク質の構造の種類から換算すれば、このゴルフコースは太陽系くらいの広さがあるのに、こんな状況でなぜボールが勝手に穴に入るのだと問いかけたのがレビンタールだった。

その後、モルテン・グロビュールが発見されると、これがこの謎を解く鍵であり、タンパク質フォールディングは特定の経路をたどると考えられるようになった。つまり、ゴルフコースの上には親切にも道が敷かれており、その道に沿ってボールが転がれば穴に入るというモデルである。順番に進むという意味で、階層的なフォールディングモデルなどと呼ばれた。しかし、道がゴールとは反対方向に敷かれているような、非階層的フォールディングをするβラクトグロブリンや、ゴールにつながる道がどうしても見つからない小型のタンパク質もあることがわかってきたのである。

そこで注目を集めたのがフォールディング・ファネルモデルだった。[11]ゴルフコースのたとえを続けると、ファネルモデルとは、コース全体が漏斗のようになっていて、その底に穴が開いているというものである。そのため、ボールが最初にどちらに動いても結局は穴の方向へと転がることになる。

このモデルなら、これまでに挙げたすべてのパターンのフォールディングを説明できる。階層的に進むタイプは、漏斗の決まったルートをたどってすんなり落ちていく。ネイティブ構造と違う構造をはじめに作るタイプは、漏斗の中を遠回りしながらも、結局穴に落ちる。そして中間体が見つからないタイプは、漏斗の斜面がなだらかで、毎回違うルートをたどるけれども、最終的には穴に落ちていく、というわけだ。

タンパク質はアミノ酸が1個1個つながったヒモであり、このヒモは固有のネイティブ構造を形成する。そしてネイティブ構造はもっとも安定であり、その他の構造にはネイティブ構造を形成するようにバイアスがかかっている（各地点に傾斜があり、必ず穴に向かって落ちていく）。これがレビンタールのパラドックスの解答になる。理論生物物理学のケン・ディルが、フォールディング経路から考えるオールドビュー（古い見方）に対して、ファネルから考える見方をニュービュー（新しい見方）と呼び、新しい概念を理解するためには新しい実験が必要だとネイチャー誌上で煽ったりもした[12]。このころは多次元の核磁気共鳴法やマルチスケールモデル・シミュレーションも進展が著しく、タンパク質のフォールディングが原子レベルの解像度で理解されようとしていた時期でもあった。

ではなぜ、漏斗のようなゴルフコースになるのだろうか。一言でいうと、ほとんどの相互作用は相殺されて特定の方向づけをしないが、ネイティブ構造を反映している相互作用だけが意味を持つからである。[*] これ以上の説明は難しい。こう進化したからだとしか言えないのである。タンパク質が生物学的に意味のある時間でフォールディングするからこそ、生物が存在しえるのである。

タンパク質のフォールディングの問題は、微視的にはヒモが折りたたまれるときにどのように相互作用するのかを理解することである。そして巨視的には、ネイティブ構造の相互作用がもっとも安定であるので、1本のヒモの折りたたみはそこに向かって必然的に起こるのである。こう書いてしまうと単純だが、この結論に至るまでに物理学に素養のある科学者たちが本気で取り組んで、半世紀もかかった。研究とは難しいものである。

21世紀に入ると、フォールディング研究者の多くはタンパク質の凝集や相分離に興味を移すことになる。フォールディングの研究では単純化した理想的な条件のモデルが使われていたが、コンピュータの革新的な進歩や、ヒトゲノム計画の完了、21世紀初頭のノーベル賞リストを席捲した計測機器の進歩にともなって、生命を作りだす実際のタンパク質溶液の状態を考察できるようになってきたからだ。こうして、1本の巨大分子内の相互作用に魅せられていた研究者達の前に、分子間の相互作用という新たな領域が開かれた。その原郷がレビンタールのパラドックスであり、一連の美しいフォールディング研究だったのである。

タンパク質の構造を計算する

現在でも、タンパク質の立体構造を実験的に明らかにするのは難しいテーマである。構造生物学者が明らかにしたタンパク質の立体構造はすでに約20万種類に及ぶが、それでも生物の持っているタン

＊　タンパク質フォールディング理論としては、格子モデルによるラフな理論でもネイティブ構造を反映した構造に意味があることが１９７０年代には提唱されていた(13)。ＷＥＢ２・０の時代に注目された集合知の概念にも近い。身近な例では、競馬の勝ち馬予想がそれぞれの人によって異なるにもかかわらず、結局は相殺されて1番強い馬が1番人気になるのと同じ仕組みである。

パク質のごく一部にすぎない。事実、タンパク質配列データベースＵｎｉＰｒｏｔには約1億８００0万ものエントリーがある。タンパク質の立体構造を実験的に明らかにするためには、タンパク質を精製したあと質の高い結晶を作成し、Ｘ線の回折パターンから立体構造を組み立てる必要がある。精製の困難な巨大なタンパク質や、結晶化しにくい膜タンパク質などは、ひとつのタンパク質の立体構造を明らかにするために年単位で時間のかかるものもある。このような実験が必要なタンパク質の構造解析に比べて、タンパク質のアミノ酸配列は、ＤＮＡの塩基配列から予測できるので簡単である。実験が難しいタンパク質の立体構造が、もしコンピュータの計算だけで明らかにできるのなら大きな価値がある。

タンパク質の立体構造予測法は、主に二つの方法がある。ひとつは物理的相互作用から立体構造を明らかにする方法で、タンパク質がフォールディングする原理をそのままコンピュータで再現して、分子内の相互作用のエネルギーを計算していくというものである。

もうひとつの方法がバイオインフォマティクスからのアプローチである。こちらは、立体構造がすでにわかっているタンパク質のアミノ酸配列との相同性に基づき、解き明かしたいタンパク質の立体構造を予測する方法である。進化的に見ても類似したアミノ酸配列は類似したドメインを形成し、類似した機能を持っていることが多く、データベースに登録されている情報量が増えるにしたがってこのアプローチの精度が高まってきた。主なものとして、ＳＷＩＳＳ-ＭＯＤＥＬやＭＯＤＥＬＬＥＲ、ＢＬＡＳＴなどが開発され、広く利用されてきている。

タンパク質の構造予測の分野は、このように、第一原理計算を積み重ねる方法と、既存の情報から配列の相同性を比較する方法が競うように少しずつ進歩していった。しかし、あとの章であらためて紹介する通り、フォールディング問題の具体的な解決には人工知能が必要であり、工学的な応用には指向性進化法が必要だったのである。

第7章　プリオンの二つの顔

「狂牛病」という字面にはインパクトがある。私がまだ大学生だった1990年代、牧場で飼われているおとなしい巨体のウシが、ちょっとした刺激に驚いて大暴れしたり、よろめき倒れて奇声をあげたりする映像がテレビで繰り返し放映されていた。当時の英国では、この恐ろしい病気の感染を止めようと何百万頭ものウシが焼却処分され、また英国産の牛肉の輸出が禁止され、渡航できなくなるなど世界的に大きな影響を及ぼした。それ以降、食の安全という考え方が浸透し、長いあいだ牛肉の輸入規制が続いてきたが、2019年に月齢30カ月以下の米国産の牛肉の輸入規制が実はひっそりと解除されている。今や狂牛病は私たちとは縁遠い病気というイメージがあるかもしれない。しかし、この病気は私たちに内在する、生につきまとう疾患である。

狂牛病は専門的には牛海綿状脳症（BSE）という。文字通りウシの脳がスポンジのように海綿状になって引き起こされる神経変性疾患の一種である。厚生労働省のWEBサイトの定義によれば[1]、B

SEとは、「牛の病気の一つで、BSEプリオンと呼ばれる病原体に牛が感染した場合、牛の脳の組織がスポンジ状になり、異常行動、運動失調などを示し、死亡する」と書かれている。現在ではBSEの原因も特定されており、「かつて、BSEに感染した牛の脳や脊髄などを原料としたえさが、他の牛に与えられたこと」によって、BSEの感染が広まっていったとされる。

乳牛は毎日20リットルほどの牛乳を作り出すので、多量のタンパク源が必要になる。そこで昔から、ウシの飼料に大豆や魚粉などのタンパク質を混ぜて飼育することが多かった。イギリスでは死んだ家畜の死骸を加工した動物性飼料（肉骨粉）を使っていた場合が多く、食肉用のウシを屠殺する前にタンパク質の飼料を与えて太らせることもあった。1980年代には動物性飼料の割合が12パーセントに達していたという。[2] このような恒常的な「共食い」の状況を作り出したことが、BSEを引き起こすことになった。

この疾患が大きく取り扱われたのは、ヒトを含めた他の種への感染の可能性があったからである。当時、英国を中心に何十万頭ものウシがBSEを発症していることと、若年性クロイツフェルト＝ヤコブ病を発症する若者の数が異常に多かったことを関連づけ、ヒトに感染するのだとメディアが大々的に取り上げた。ヒトのクールー病やヒツジのスクレイピーなども、BSEに類似した病変が脳内に見つかる。事実、クロイツフェルト＝ヤコブ病で病死した患者の脳の一部をマウスに接種したところ、同様の症状が発症するという研究例がネイチャー誌に報告されたりもした。[3]

また、コロナウイルスや病原性大腸菌などとは異なり、タンパク質だけで感染源となる類例のない疾患だったことも、恐ろしさに拍車をかけていた。

プロテイン・オンリー説

ヒツジのスクレイピー病原体の探索は、20世紀半ばまでにかなり進んでいた。当時の報告ではすでに、病原がホルマリンやクロロホルムなどの薬剤でも死滅せず、30分間の煮沸や紫外線の照射でも破壊されないほど安定であることが報告されている[4]。最小のウイルスの1000分の1の大きさしかなく、通常のウイルスの感染能を1%に低下させる強度の紫外線を照射しても感染能がまったく衰えないことから、前例のない病原体であることは半世紀前には推測されていた。

感染症は、宿主となる生物の体内で病原体が増殖することで発症する。ここでいう病原体とは、サルモネラ菌や黄色ブドウ球菌のような真正細菌でも、また、インフルエンザウイルスやコロナウイルスのようなウイルスでも良いが、いずれにせよ例外なくDNAやRNAを持っている。DNAやRNAに遺伝情報を保持しており、細菌ならば自力で、ウイルスならば宿主の持つ働きに依存して増えていき、やがて疾患を引き起こす。増殖や複製にDNAやRNAが不可欠であることは分子生物学の基本的な考え方であり、中心教義（セントラルドグマ）と呼ばれることもある。

そのセントラルドグマに反し、タンパク質だけで増殖して疾患を引き起こすという仮説を強く主張したのが、米国の生化学者スタンリー・プルシナー博士である。最重要の報告となった1982年の論文によると、羊などにスクレイピーを発症させる病原体は、アルカリで不可逆的に不活性化すること、核酸を壊す5通りの方法では不活性化しないことから、遺伝物質を持たないと結論づけている。[5] タンパク質だけで感染するので、タンパク質性感染粒子の略号に由来する「プリオン」という新しい用語を提唱した。タンパク質だけで感染するということは、当時の研究者コミュニティにとってはとうてい受け入れられるものではなかった。その後、プルシナー博士は1997年にノーベル生理学・医学賞を受賞したが、単独受賞だったことからもこの仮説の異色さが伺い知れる。

伝播のメカニズム

タンパク質のみによる感染メカニズムの鍵となるのは、タンパク質のコンフォメーション（立体的な折りたたまれ方）である。プリオンは2種類の異なるコンフォメーションを取ることができる。一方は水によく溶け、αヘリックスとβシートが混在した立体構造を持つ。もう一方はβシートに富んだ構造である。βシートに富んだ構造は、二つの分子のβストランドが水素結合し、細長い構造体へと育っていくことができるという特徴がある。この線維状の構造体をアミロイドという。アミロイドはタンパク質分子が規則正しく積み重なった安定な構造で、水に溶けにくく、タンパク質分解酵素への耐性も高く、生体組織に沈着していく性質を持つ。

タンパク質の一生を振り返ってみよう。タンパク質は、遺伝情報をもとに合成されたあと細胞の内外でそれぞれの働きを担い、一定時間で分解されるものである。本来は、体内にずっと残留するようなタンパク質は存在しないのがふつうなのである。マウス細胞内にある約５０００種類ものタンパク質の寿命を調べた結果によると、平均で約46時間、長いものだと約200時間で分解される。[6] だがアミロイドは物理的にも生物学的にもはるかに安定である。

ヒトのクロイツフェルト＝ヤコブ病の患者から採取したアミロイドは、活性を失わせるために強烈な処理が必要とある。化学薬品を使う場合には、60％以上の濃度のギ酸や、1N（規定度）の水酸化ナトリウムなどに2時間さらすか、または高圧滅菌のオートクレーブ装置を使い、132℃で1時間加熱する必要がなる。異常プリオンの形成するアミロイドはこれほど安定なので、生体内にいったんできると分解されない。異常プリオンを含んだ食材を食べたら、消化器官では分解されずに体内に取り込まれることもあるだろう。

アミロイドのもうひとつの特徴は増殖能である。プリオンタンパク質がアミロイドを形成すると、それを核として正常プリオンが異常プリオンへと構造を変換し、自己触媒的にアミロイドが伸長していく。たとえば、アミロイドを超音波破砕機などで物理的に壊し、その溶液の一部を正常プリオンの溶液に加えると、破壊されたアミロイドの断片が異常プリオンのシードとなってアミロイドが増えていく。このような自己増殖のメカニズムによって、異常プリオンが少しでもあれば、正常プリオンが次々に異常プリオンに変換されていく。すなわち、タンパク質のコンフォメーションが伝わることで増殖していたのである。

肉骨粉を飼料にしていたことが原因でウシが狂牛病を発症したことは、これで説明できる。死んだウシを乾燥させて粉末にしても、異常プリオンはきわめて安定なために壊されずに残ってしまう。異常プリオンを含んだ動物性飼料をウシが食べることで体内に取り込まると、偶然、中枢神経の組織に異常プリオンがわずかに入り込むこともありうるだろう。神経組織は皮膚などとは異なり、数日や数十日くらいで置き換わることはない。こうして長い時間をかけて異常プリオンが少しずつ増えていき、異常プリオンがシードとなって正常プリオンから異常プリオンを作り出され、脳の組織にアミロイドが沈着していく。少しずつ脳の組織が壊されてスポンジ状になり、やがて神経変性疾患を発症して死に至る。致死率100%の疾患である。

通常は、このようなサイクルの病気が起きることはない。なぜなら普通の動物は、異常プリオンがもしできたとしても、神経組織が機能しなくなるくらいまで蓄積する前に寿命で死んでしまうからである。だが、ある程度蓄積が進んだ段階で死んだウシを動物性飼料にし、それを若いウシが食べることを繰り返せば、世代を超えて異常プリオンの蓄積が進行していくこともあるだろう。こうして異常プリオンが牧場のウシ全体に蓄積していき、あるときBSEとして現れたのである。

偶然にできてしまった異常プリオンは、本来は個体の死とともに消えるものである。しかしそれを再摂取しうる環境では個体群の中で濃縮が進む。たとえば、動物園で飼育されているチーターなどの主な死因がプリオン病であるという調査結果もある。[7] 動物が狭い空間で何世代も飼育されていくと、糞尿や体液などにわずかに含まれる異常プリオンが個体間にわずかずつ蓄積し、やがて発症に至るのだろう。ちなみにパプアニューギニアのクールー地区でかつて流行したプリオン病も、死んだ人を食する文化が原因であるとされる。[8]

プリオン病が発症するメカニズムをまとめると次のようになる。プリオンタンパク質は、もともと宿主の細胞が持つゲノムにコードされたものである。そのため細胞内には正常プリオンタンパク質がすでに存在しており、常に宿主から供給されている。そこに入り込んだ異常プリオンが触媒のように働き、次々に異常プリオンを増やしてアミロイドを作る。異常プリオンは極めて安定で、通常の処理では壊されない。そのため体内に蓄積しやすく、共食いなどで濃縮されてしまうとやがて発症する。異常プリオンが最初にどのようにできるのかについては謎だが、おそらくは、ある確率で出来てしまうものなのだろう。個体が死ぬと消えてしまうので、ほとんどの場合、このような異常プリオンは目につかない。しかし、何らかの方法で濃縮されていく環境では蓄積が進む。これが、遺伝情報を持たずに伝播する病原体の正体である。

プリオンはありふれた存在である

ヒトのプリオンタンパク質は、第20染色体上にある*PrP*遺伝子にコードされている。この遺伝子はウシやヒツジ、マウスなどの多くの哺乳類に存在し、アミノ酸配列もきわめて類似していることから、生命に重要な役割を担っていると考えられる。実際、細胞にアポトーシスを引き起こす作用があるという報告や[9]、末梢神経細胞の絶縁構造を維持するために働いているという報告がある。[10] 細胞内にあり、生命現象を作り出す一部として働いているのは確かなようである。

異常プリオンのコンフォメーションが体内で伝播する現象は、哺乳類に限らず多様な生物に発見されている。軟体動物のアメフラシが持つＣＰＥＢタンパク質は、ｍＲＮＡからタンパク質への翻訳を調節する働きを持つが、このタンパク質もプリオンと同じように異なるコンフォメーションを取ることができ、プリオンのような振る舞いを示す[11]。

酵母にも多様なプリオンが発見されていて、古くから研究されている[12]。遺伝子からｍＲＮＡへの転写を調節するＳｗｉ１やＵｒｅ２、ｍＲＮＡからタンパク質への翻訳を止める働きを持つＳｕｐ35など、10種類以上のプリオンタンパク質があることがわかっている。また、真正細菌の一種にも、プリオンタンパク質として振る舞う転写終結因子Ｃｂ－Ｒｈｏが発見されている[13]。いずれも生体内で何らかの役割を担っているが、アミロイドを形成して別の生命現象を引きおこすこともある。このような事例からもわかる通り、プリオンタンパク質はおそらく、真核生物が誕生する前にすでに存在しており、進化的に長く広く保存されてきたのだと考えられる。

ここで疑問が生じる。一歩間違えばアミロイドを形成して細胞を殺してしまう可能性がある危険なタンパク質が、なぜ進化的に保存されてきたのだろうか？　プリオンは、ヒトにもウシにもパン酵母にもボツリヌス菌にもある。生物を死に導くだけのものなら、このようなタンパク質の性質は速やかに淘汰され、本来の働きだけを担うように進化すればいい。つまり、２通りのコンフォメーションを取りうるということ自体にも、何かしら有益な役割があるはずなのである。

酵母プリオンからの示唆

この謎を解く鍵として、ドイツのマックス・プランク研究所のアンソニー・ハイマン博士とシモン・アルベルティ博士らの研究グループによる、「酵母プリオンタンパク質の相分離は細胞の適応を促進する」というサイエンス誌への報告がある。(14) 酵母のプリオンタンパク質のSup35に関する論文である。

Sup35は二つのドメインからなる。アミノ酸配列の一方の末端には翻訳を制御するドメインがあり、ここがSup35の本来の働きを担う。そして残りの半分に、プリオンドメインを持つ。このプリオンドメインは分子間で会合しやすく、この領域がアミロイドを形成する。しかも、このSup35のプリオンドメインは、出芽酵母と分裂酵母のいずれにも保存されている点が興味深い。いずれも酵母だがこれらはまったく別の生物で、進化的に数億年も前に分かれた種である。にもかかわらず、両方に保存されてきたのだから、プリオンドメインが存在するのは偶然ではなく、生きるために何らかの重要な働きを持っているはずである。

アルベルティ博士らが詳細に調べたところ、Sup35のプリオンドメインはアミロイドになって凝集するだけではなく、液‐液相分離してドロプレットのような状態になることがわかった。Sup35が形成するドロプレットは溶媒を含んだゲルのような状態である。液‐液相分離した状態で勝手に形成される球状のもので、試験管内で作ると、光学顕微鏡では見えない100ナノメートルくらいの大きさから、数ミクロンくらいの大きさになる。

アルベルティ博士らは次のような実験をした。酵母に餌を与えず飢餓状態にすると、酵母の細胞内が弱酸性になる。すると、Ｓｕｐ35は液－液相分離してドロプレットを形成したのである。ふたたび酵母に栄養を与えると細胞内は中性の条件に戻り、それをきっかけにＳｕｐ35のドロプレットは溶けてふたたび分散し、翻訳終結因子として本来の働きを担うことができた。つまりＳｕｐ35は、中性の条件では分散して機能し、弱酸性になるとドロプレットを形成して不活性になることがわかったのだ。これで謎の半分が解けた。このドロプレットの形成がポジティブな役割を担っていそうである。

さらにアルベルティ博士らは実験を進めて、Ｓｕｐ35のプリオンドメインを削除した酵母株を作成した。その結果、機能ドメインのＳｕｐ35しか持たないこの酵母は、普通の環境では生きることができた。Ｓｕｐ35の半分を削ってもピンピンしているのは、当然ながら、Ｓｕｐ35の本来の機能である翻訳終結の働きを担うドメインは残されていたからである。しかし、酵母を飢餓状態にすると、Ｓｕｐ35の機能ドメインは弱酸性の状態に耐えられず、立体構造が壊れて失活した。そのためふたたび中性の環境に戻しても、Ｓｕｐ35は失活したままだった。つまりＳｕｐ35のプリオンドメインは、液－液相分離してドロプレットを作ることで、不安定な機能ドメインを酸性ストレスから守る働きがあったのである。

この実験データを生物進化の視点から考えてみると、なぜプリオンが種を越えて存在してきたのか理解できるように思う。プリオンドメインは硬い安定なアミロイドを作る。これは物理的にも生物学的にも安定で壊れないため、組織に沈着したり、ときには個体を超えて伝播して死を導いたりすることもあるだろう。これがプリオンの裏の顔だとすると、ハイマンらは表の顔を明らかにしたことになる。それは、飢餓のような一時的なストレスから不安定なタンパク質を守る働きである。

ちなみに細胞内には、環境から与えられる加熱などのストレスに応じてストレス顆粒を形成する仕組みがある。[15] ストレス顆粒は液－液相分離して形成される同じようなドロプレットで、環境変化によるストレスからタンパク質やRNAなどを守ったり、またそのストレス環境では不要な物質を隔離したりする働きがある。これとよく似ている。Sup35は機能ドメインを守る部分を自分で持っていたのである。

Sup35のプリオンドメインのアミノ酸配列を見ると、グルタミンやアスパラギンに富んでおり、液－液相分離しやすいことがわかる。ただしこのようなアミノ酸配列を持っていると、固－液相分離して、アミロイドを形成しやすいという性質も現れる。飢餓によるストレスから個体を守るために保存されてきたプリオンドメインは、裏の顔として種を超えて伝播するほど硬いアミロイドも形成してしまうのである。この裏の顔を先に見つけた人類は、長い間、プリオンを病気の原因としてしか見ていなかった。これが真相だったのである。

プリオンはなぜ存在してきたのか？

プリオンドメインのようなタンパク質は、広い意味でとらえなおすと天然変性ドメインの1種と言える。タンパク質は、基本的には固有の立体構造を形成するものであり、この考え方がアンフィンセンのドグマと呼ばれてきたことは前章でも紹介した。しかし実際には、タンパク質を構成する配列のうち、固有の立体構造を形成しない部分もかなり存在している。[16] このような部分を天然変性ドメインといい、この部分がいったい何をしているのか、長年の謎として残されていた。ヒトのタンパク質の詳細を調べた報告によれば、天然変性ドメインを持つタンパク質は6割にも及ぶという試算がある。[17] 天然変性ドメインは、プリオンの現象を引き起こす哺乳類のＰｒＰや酵母のＳｕｐ35に限らず、プロテオームの中に意外にもたくさん存在するのである。

天然変性ドメインはドロプレットを形成しやすい性質があるが、同時にアミロイドも形成しやすい。このようなドロプレットとアミロイドの両方を形成できるというタンパク質の性質は、他の神経変性疾患を理解する鍵にもなると考えられている。筋萎縮性側索硬化症はその一例である。この病気は神経変性疾患の一種で、体が少しずつ動かなくなっていく重い疾患である。この原因になるとされるＦＵＳタンパク質の振る舞いも、やはりドロプレットとアミロイドの両方の形成が関係している。[18]

ＦＵＳタンパク質は、通常は細胞核の中でＤＮＡを修復する機能を持つ。しかし何らかの理由で細胞質へとＦＵＳが出てしまうと、アミロイドを形成して細胞を殺してしまい、それが筋萎縮性側索硬化症を引き起こす。核内部ではドロプレットになるものがなぜ細胞質でアミロイドになるのか、理由は定かではないが、シンプルにタンパク質の溶けやすさのような物性で説明できるのではないかと思う。細胞核の中はＲＮＡが多く、このような環境では、タンパク質はドロプレットを形成してもすぐに分散し、ふたたび溶けてしまいやすい。[19] しかしＦＵＳがたまたま細胞質に出てしまうと、そこでできたドロプレットは安定で、その中でFUSが濃縮されて成熟しやすい環境になり、アミロイドへと育ってしまう。これが発症の原因になるとすれば、FUSの細胞核への移行や細胞質への流出の抑制が創薬の新たなターゲットになるだろう。

タンパク質は、分散した状態だけでなく、液-液相分離して溶媒を含んだドロプレットの状態と、アミロイドのような硬く安定な凝集体の三つの状態を取る。同じタンパク質であっても、溶液中の状態が違うと生命を生み出すこともでき、他方では生命を死に追いやることもある。このように、タンパク質の集合状態から生命を考える体系が相分離生物学である。

私たちも相分離生物学の見方で酵母プリオンを理解しなおそうと調べているところなのだが、この大発見を再現すること自体は実に簡単である。Sup35の溶液を酸性にして、光学顕微鏡を覗くだけでよい。数ミクロンくらいのサイズのドロプレットが確かに見える。この丸顔が、プリオンの本来の役割を果たしている姿であり、生物種の中に広く存在してきた理由だったのである。[20]

第8章　アミロイドはアルツハイマー病の原因なのか

アルツハイマー病は、十分に長生きすれば誰でも発症する可能性がある疾患であり、いわば文明病の一種である。現在まで最重要の創薬のターゲットであり続け、2021年になってようやくアルツハイマー病に対する初の抗体薬「アデュカヌマブ」が米国FDAに認可された。抗体が薬として使われるようになってから四半世紀が過ぎようとしているが、開発になぜこれだけ時間がかかったのだろうか？　この経緯から考えていきたい。

抗体薬の開発

抗体とは、体内に入った病原体などに特異的に結合するタンパク質のことをいう。たとえば私たちがウイルスなどに感染すると、そのウイルスを認識して排除するための抗体が体内で作られる。抗体はさまざまな生体物質をターゲットに結合できるので、これを薬として利用する試みが進められてきた。

抗体の薬が初めて認可されたのは、アメリカの医薬品メーカーのジェネンテックが開発したハーセプチンだった。乳がんに効果の高いヒト化モノクローナル抗体である。この抗体は乳がんや大腸がんなどのがん細胞に特に過剰に発現しているHER2タンパク質に結合することで、がん細胞の増殖をおさえる働きがある。ハーセプチンが1998年に米国FDAに認可されて以降、低分子薬では治療が難しかったがんや、自己免疫疾患であるリウマチや喘息などに優れた効果を示す抗体薬の開発が進められてきた。現在の薬の売上高ランキングを見ると、上位には抗体薬がずらりと並んでいる。長年トップの座にあるレミケードは1兆円規模の市場を生み出しており、他にも数千億円の市場規模がある抗体薬が続いている。だが不思議なことに、このランキングにはアルツハイマー病の抗体薬はひとつも入っていない。

アデュカヌマブは米国の医薬品メーカーのバイオジェンが開発したヒト化モノクローナル抗体であり、アミロイドβの沈着物を取り除く働きを持つ。この抗体が2016年8月のネイチャー誌に報告されると、(1)アルツハイマー病を根治できる新薬になるとして広く期待を集めた。しかし、ヒトに対する大規模な臨床試験の結果、アデュカヌマブを投与しても認知機能の低下を抑制できないとし、2019年3月に第3相臨床試験の中止が発表された。それから一転し、2021年6月に米国FDAがこの抗体を薬として認可したのであった。

ただし今回の承認は、いわゆる迅速承認と言われるもので、重篤な患者に限り使用ができるという条件がつけられたものであった。高い効果が認められなくても薬の使用を認めざるを得ないほど、多くのアルツハイマー病患者を抱えるようになったからである。こうしていわくつきながら、一つ目となるアルツハイマーの抗体薬が世に出ることになった。

アミロイド仮説

アルツハイマー病とは、記憶力や思考力が少しずつ衰えていき、日常生活を送ることが困難になっていく脳の疾患である。その発見は、ドイツの医学者アロイス・アルツハイマーが認知障害の患者を報告した1906年にまでさかのぼる。患者の脳内に異常な沈着物（プラーク）が観察され、これが認知障害の原因ではないかとされていた。1985年、このプラークの成分がアミロイドβであることが突き止められ[2]、1987年にはアミロイドβのアミノ酸配列が解読され、細胞膜にある受容体の一部に由来することが明らかにされた。これがアミロイドと呼ばれるタンパク質凝集体と、神経変性疾患とが関連づけられた最初期の発見の経緯である[3]。

アルツハイマー病の発症を説明する考え方として、「アミロイドカスケード仮説」が広く知られている[4]。まず、βセクレターゼおよびγセクレターゼという酵素が、膜タンパク質であるアミロイドβの前駆体を切断し、40残基から42残基のペプチドが切り出される。このペプチドが線維状に会合していきアミロイドを形成する。アミロイドは水に溶けにくく、タンパク質分解酵素への耐性も高いため、脳の神経細胞外に沈着していく。このアミロイド斑ができたあと、タウと呼ばれるタンパク質のリン酸化が進んで細胞生理が異常をきたし、神経細胞が破壊されて、アルツハイマー病に至るとされる。

このアミロイドカスケード仮説にもとづき、数多くのアルツハイマー病の治療薬が開発されてきた。アルツハイマー新薬の開発リストを見てみると、最終的な試験である第3相臨床試験まで開発が進んだ薬が、2018年の段階で26種類ある。[5] だがなぜか、アミロイドβをターゲットに開発した薬は、最終的なヒトの臨床治験で認知障害に対する有効性がはっきり現れないのである。

たとえば、「ベルベセスタット」という、ドイツの大手化学メーカーのメルクが開発してきたアルツハイマー病の治療薬がある。アミロイドβペプチドを生成するβセクレターゼ1の阻害剤として開発された低分子化合物である。つまり、アミロイドの材料の供給を止めることでアミロイドができなくなることを期待して開発された薬である。しかし、アルツハイマー病患者約2000人に対する臨床試験で有効性が認められないとし、2018年6月に試験の中止が発表されている。

「クレネズマブ」はスイスの製薬企業ロシュが開発してきたアルツハイマー病の抗体薬である。アミロイドβのオリゴマーに選択的に結合し、除去するように設計されたモノクローナル抗体で、生体内に生成したアミロイドβからアミロイドが伸長していくステップを阻害する。この抗体薬も効果が調べられてきたが、2019年1月に第3相臨床試験を中止するという報告があった。試験管内での実験ではアミロイドの形成をふせいだが、臨床試験では効果が認められなかったためである。

アミロイドとは

そもそもアミロイドとは、ペプチドやタンパク質が会合してできた線維状の構造を持つ凝集体のことをいう。「アミロイド（amyloid）」という用語は、病理学者ルドルフ・フィルヒョウが1854年に命名したものである。[6] 脳にある異常な組織が、ヨウ素で着色した上で硫酸にさらされると紫色になることから、セルロースが主成分であると考え、デンプンの意味を持つラテン語の amylum とギリシャ語の amylon から amyloid と名づけたとされている。その5年後には、アミロイドの主成分はタンパク質であるという正しい説が登場したが、名前はそのまま残された。このアミロイドの構造が実際に観察されたのは、命名から約1世紀もあとの1959年のことであった。[7]

アミロイドの構造を高解像度の電子顕微鏡で見てみると、幅はおよそ数ナノメートルから数十ナノメートルほどで、分岐のない細長い線維状である。幅はタンパク質1分子くらいで、それが数千個、数万個と一方向に伸びている。1本の細長い線維が何本も撚り合わさって、縄のような構造になることもある。

アミロイドをさらに拡大すると、ペプチド主鎖にあるアミドプロトンとカルボキシ酸素が分子間でクロスβ構造と呼ばれる水素結合を作っているのがわかる。クロスβ構造はジッパーが閉じるように規則正しく分子間をつなぐ構造で、安定性である。アミロイドはタンパク質分解酵素に対する耐性が高いために、生体内にできると蓄積していく。とりわけ、神経組織のように寿命の長い組織に蓄積しやすい。

アミロイド仮説はそもそも正しいのか?

アルツハイマー病の有名な治療薬に、エーザイのアリセプトがある。[8] アリセプトはアミロイドをターゲットにしたものではなく、神経伝達物質を増やすことで認知症を軽減する働きがある薬である。映画『レナードの朝』で有名になったパーキンソン病治療薬のレボドパも、同じように脳内のドーパミンを増やすことで症状を軽減する。[9] これらはアミロイドを除去するタイプの薬ではなく、間接的に症状を緩和するものである。

アミロイドが関連するとされる疾患には、アルツハイマー病の他に、プリオン病やパーキンソン病、筋萎縮性側索硬化症、ハンチントン病などの神経変性疾患が多い。そして、これらのアミロイドをターゲットにした薬には、なかなか効果が見られない。なぜうまくいかないのだろうか。理由は二つ考えられる。

まず、投薬のタイミングの問題がある。現在は認知障害が現れた患者に対して治療が行われているが、実際には発症の数十年前からアミロイドの沈着がはじまっている。そのため健康な40代や50代から投薬をはじめる必要があるのかもしれない。もしもそうなのだとすると、投薬での治療は現実的ではないだろう。将来のために薬を飲めと医者から言われても、発症する何十年も前から飲み続けようと思う人はいないからだ。

もうひとつ、アミロイド線維の沈着はアルツハイマー病の「原因」ではなく「結果」であるという見方もできる。この仮説が私にはもっともらしく思える。確かにアルツハイマー病の患者の脳にはアミロイド斑と呼ばれる沈着物ができるが、これが発症の原因ではなく結果なのであれば、いくらアミロイド斑を減らす薬を開発しても効果が見られないのは当然である。実際、脳に多くのアミロイド斑の沈着が見られる高齢者でも、認知症を発症しない人がいるという事実もある。

多くのタンパク質がアミロイドを形成する

アミロイドはタンパク質の本来の機能を失った異常な形態であり、めったにできないもののように思えるかもしれない。しかし意外なことに、多くのタンパク質について、溶液の条件をうまく設定すればアミロイドを形成させることができる。アミロイドの形成はタンパク質の普遍的な性質なのである。

最初にこのことを実験的に示したのは、ケンブリッジ大学のクリストファー・ドブソン教授らである。2001年にネイチャー誌に記載された1ページちょっとの短い論文がある。[10] 筋肉に豊富に含まれるミオグロビンというありふれたタンパク質を、弱アルカリ性で加温したところ、細長い線維状の構造を形成した。この凝集体にX線を照射すると、クロスβ構造に相当する位置に回折パターンが現れ、さらにはアミロイドと特異的に結合することが知られているコンゴーレッドという染料で染まることもわかった。すなわち、ミオグロビンのこの凝集体は、疾患に関係する典型的なアミロイドと同じ物理化学的な特徴を持っていたのである。

私たちも実験してみたことがある。[11] ミオグロビンの他、ラクトグロブリン、ヒストン、トリプシン、

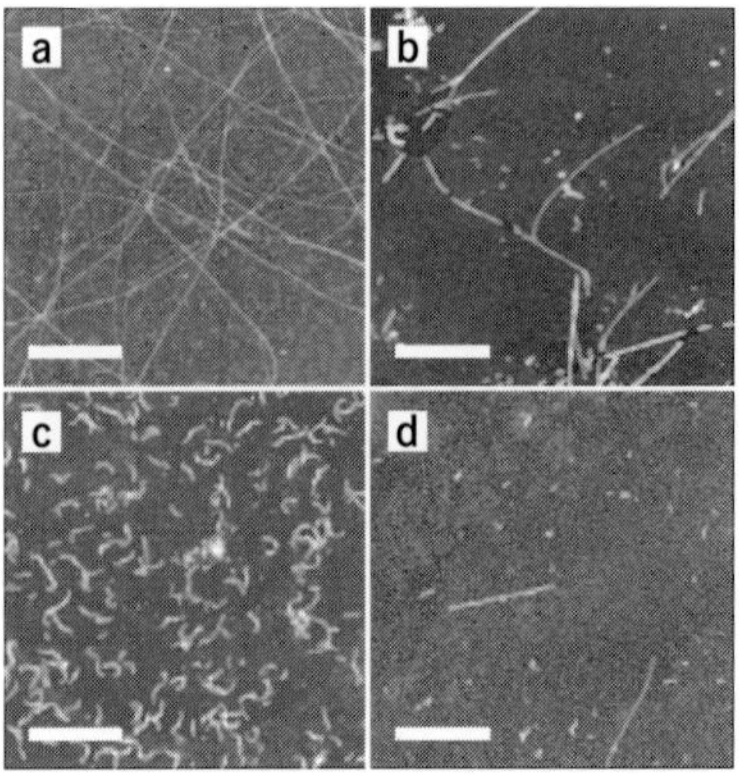

図 10　アミロイドの原子間力顕微鏡像。**a** はリゾチーム。**b** はベータラクトグロブリン。**c** はヒストン。**d** はトリプシン。スケールバーは1マイクロメートル（*Biosci. Biotechnol. Biochem.*, 71 (5), 1313-1321, 2007）。

リゾチームなどの市販されているありふれたタンパク質を対象に、いくつかの条件で保温してみた（**図10**）。その結果、酸性で少し加熱した溶液条件で、38種類のタンパク質のうちの25種類がアミロイド様の構造を形成したのである。このような結果から、条件を工夫すれば多くのタンパク質がアミロイドを作ると結論づけられるだろう。イソロイシンとフェニルアラニンからなるジペプチドのような、もっとも単純な小さな分子ですらアミロイドに特徴的な構造を形成するのである[12]。

アミロイドは、プリオン病やアルツハイマー病を引き起こす特別なタンパク質だけが形成するものなのではなく、多くのタンパク質が形成しうる普遍的な構造である。その理由は単純で、アミロイドの構造がアミノ酸の側鎖で決まるのではなく、アミノ酸に共通の主鎖の間に作られるクロスβ構造で安定化されているからだろう。タンパク質のコンフォメーションをこわす溶液条件で長時間おいておけば、タンパク質の主鎖が表に出て分子間にクロスβ構造ができる。誰もこういう実験をやってみなかったので、気づかなかっただけなのである。

ドブソン教授は、このようなタンパク質の状態変化の普遍性について『Protein folding and misfolding』と題した総説に整理して世に問うた。[13] この総説は、タンパク質のフォールディングを研究してきた研究者たちが、「フォールディングしない現象」に興味を惹かれるようになるきっかけになった。

従来の考え方では、「タンパク質はフォールディングして機能するものである」という見方がすべてであった。フォールディングしないものは、あくまでも「ミス（誤った）フォールディング」にすぎず、注目に値しない、調べる必要がない状態と考えられていた。しかし、「フォールディング」と「ミスフォールディング」を対等に扱った総説のこのタイトルが示唆するように、ミスフォールディングもフォールディングも、等しくタンパク質の状態変化の本質であり、いずれも生命や死と関連づけられる分子の状態なのである。「ミスフォールディング」の状態で存在することにも何らかの意味があるのだ。

タンパク質は、当然ながらペプチド結合でアミノ酸が連なったものなので、どのようなものでも主鎖のあいだでクロスβ構造をつくり、アミロイドになる可能性がある。これはタンパク質の、試験管内の水溶液中での基本的な性質である。この性質を、生体内で生じる疾患とそのまま結び付けて原因だと考えても、うまくいくはずがない。論点はここではなかったのだ。

生体内のアミロイドは試験管内のものとは違う

ところで、試験管内で形成させたアミロイドは、はたして患者の生体内にあるアミロイドと同じ構造なのだろうか？　この素朴な疑問に答えるための重要な研究が行われ、２０１９年に論文が報告されている。[14] ドイツのマーカス・ファンドリッヒ博士らの研究チームは、70歳から84歳のアルツマイマー病患者の脳内にあるプラークからアミロイド線維を取り出し、高解像度のクライオ電子顕微鏡で構造を調べた。するとその構造は、試験管内で作らせたものとは本質的に異なっていたのである。

患者の脳のプラークには40残基からなるアミロイドβがもっとも多かったが、それより短いものもたくさん含まれていた。試験管内で再現する実験では、精製した1種類のアミロイドβだけを用いてアミロイドを形成させていたので、本物とモデル実験系のアミロイドは、そもそもスタート地点となる材料から異なっていたのである。決定的なデータとして、試験管内で作らせたアミロイドβは左巻きだが、患者の脳に由来するアミロイドは右巻きであることもわかった。この右巻きアミロイドの構造は、モデル実験系で作られたアミロイドのどの構造とも一致しなかったのである。

生体内には大小さまざまな有機分子がある。事実、神経変性疾患の原因になるとされるタンパク質の沈着物には、核酸[15]や多糖[16]なども含まれている。実際にこのようなポリアニオンがタンパク質と共重合して、多様なアミロイドになることを示した報告もある。[17] おそらく生体内では、純粋なタンパク質がそのままアミロイドになることはないのだろう。そう考えざるを得ない結果がたくさん出てきているのだ。

相分離アミロイド仮説へ

試験管内でアミロイドを作らせる場合、タンパク質はまず少数の分子が集まったオリゴマーを形成し、オリゴマーがシードになったり材料になったりすることでアミロイドへと成長する。そのため、このプロセスを阻害する薬の開発が進められてきた。しかし、このような状態変化は、実は生体内では生じていないのだろう。開発された薬が、試験管での実験では効果があるのに、臨床試験で効果がないのはそのためだったのではないか。

タンパク質は、生体内のような多様な分子が混在する環境ではそもそも分散していられない。他の分子と集合して、ドロプレットを形成しやすい。このタンパク質の性質に基づくと、新たに「相分離アミロイド仮説」と呼べる説を提唱できるだろう（**図11**）。

生体内では、タンパク質は、分散した状態からまず液－液相分離してドロプレットを形成する。その後、ドロプレットからアミロイドへと成熟するように状態が変化するのだろう。このプロセスは、試験管内で再現したような、オリゴマーをシードとしてアミロイドが伸長するモデルとは異なる。

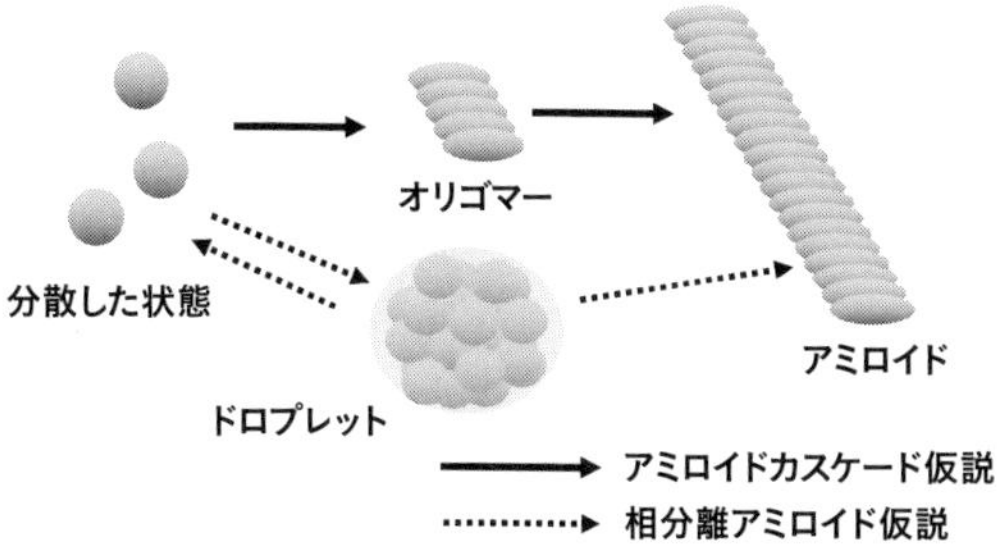

図11　アミロイドカスケード仮説と相分離アミロイド仮説

アルツハイマー病やパーキンソン病の疾患に関わるとされるタウタンパク質や[18]、筋萎縮性側索硬化症（ALS）の原因とされるFUSタンパク質[19]やTDP－43[20]などは、アミロイドを形成する前に、液－液相分離してドロプレットを形成しやすい性質がある。また、アルツハイマー病患者の脳ではタウタンパク質がリン酸化することでドロプレットになりやすいこともわかってきた[21]。ドロプレットを形成したあと、アミロイドを形成し、これが安定であるために脳内に沈着するのだろう。リン酸化されたタウタンパク質がアルツハイマー病患者の脳に広く見られるのはそのせいだと考えられる[22]。

新たな謎

ここで新たな謎が出てくる。生体内で毒性があるのは、アミロイドではなく、その前段階のドロプレットなのか？　伝播する主体もドロプレットなのか？　なぜ発症後にアミロイドが沈着していくのか？　これらの謎は、ドロプレットを経由してアミロイドになるということに加えて、アミロイドを形成しやすいアミノ酸配列と、ドロプレットを形成しやすいアミノ酸配列を比較すると説明できると思う。

アミロイドを形成して疾患を引き起こすとされるタンパク質は、基本的には芳香族アミノ酸や疎水性アミノ酸が多く、アミロイドの形成は疎水性相互作用および主鎖のあいだのクロスβ構造が駆動力になっているとされる[23]。一方、液－液相分離してドロプレットを作る配列はメカニズムが異なり、おおむね疎水性相互作用以外のあらゆる相互作用によって安定化されているのが特徴である[24]*。

アミロイド形成や相分離に必要なアミノ酸配列の長さはせいぜい数十個ほどなので、あるタンパク質が両方の領域を持っており、アミロイドにもドロプレットにもなれるとしても何ら不思議ではない。事実、パーキンソン病の原因になるとされるα−シヌクレインは、アミロイドやドロプレットを形成する領域をあわせ持つという報告がさっそく登場してきている[25]。

まとめると、このようなシナリオが考えられる。あるタンパク質が、まずある領域のアミノ酸配列の性質によって速やかにドロプレットを形成し、その後、時間をかけて別の領域の性質によってアミロイドへと成熟する。このようにタンパク質の領域ごとに性質が違っているのであれば、毒性の本来の主体と、安定なアミロイドの沈着がひとつのタンパク質でも実現できるだろう。ちなみに前章のSup35は、グルタミンやアスパラギンに富んだ配列であり、この領域はドロプレットもアミロイドも形成しやすい。このグルタミンやアスパラギンが「溶ける」という現象とどう関わるのかは、いま個人的にもっとも興味のあるテーマである。

アミロイドが蓄積する疾患は、物質としてのアミロイドについて先行して研究が進められてきた。アミロイドは研究者が観察しやすい、硬くて安定な構造だからである。そのプロセスの途中にある柔らかい部分は研究が遅れてしまった。観察しようとすると見えなくなるのだからそれも当然である。

＊　荷電アミノ酸のあいだの静電相互作用やアルギニンと芳香族アミノ酸の間に働くカチオン−π相互作用、グルタミン・アスパラギンによる相互作用などがある。

これからはタンパク質の持つこういった溶液物性の指標、つまり「凝集性」や「相分離性」と呼べるような指標が重要になる。[26] タンパク質の溶けやすさという指標に、生命と死という高度な生命現象が直結しているのである。

第9章　タンパク質の宇宙

第5章で、タンパク質の人工的な改良がいかに難しいかについてふれた。この難しさは、さまざまな手法が模索される過程で理解され、人の意図的な設計に頼らない「指向性進化法」が大きな成功を収めた。本章では、この探索の過程をもう少し詳しく振り返りたい。

まずは探索範囲の広さを計算してみたい。100個のアミノ酸からなる小さめのタンパク質を想定する。タンパク質は20種類のアミノ酸が連なったものである。そのため、1番目のアミノ酸は20通りの可能性があり、2番目のアミノ酸も20通り、3番目も20通り……と順次計算すると、100個のアミノ酸からなるタンパク質は、20を100回掛けた数、20の100乗個の種類がありえる。宇宙に存在するすべての原子の数が10の80乗個だから、たった100個のアミノ酸からなるタンパク質でも、意外にもそれよりはるかに多くの可能性があることになる。

このようなアミノ酸の鎖に進化や変異が起きるとはどういうことか。ここに300個のアミノ酸からなるタンパク質があるとしよう。おおむね平均的なサイズのタンパク質である。そのうち1箇所だけアミノ酸が異なるタンパク質は、３００箇所のどこかを他の19種類のアミノ酸のどれかに置き換えるのだから、５７００種類あることになる。2箇所のアミノ酸が異なるタンパク質の場合は、ざっと見積もると１０００万通りを超えるのだ。* タンパク質は、この広大な可能性の中で進化し、生命を作り出してきたのである。

タンパク質はデザインできるのか？

タンパク質を改変する技術は、タンパク質工学（プロテインエンジニアリング）と呼ばれ、１９８０年代に入ってから急速に発展した。この時期に、遺伝子組換え技術に必要になるツール、すなわちＤＮＡを増幅するポリメラーゼ連鎖反応（ＰＣＲ）法や、ＤＮＡを切り貼りするための制限酵素やリガーゼなどが出揃い、望みのタンパク質を大腸菌や酵母などを用いて多量に得ることが可能になったからである。

タンパク質をデザインする目的はいろいろと考えられる。たとえば、既存の酵素の活性をさらに上げたり、炭素と珪素をつなぐような面白い反応を触媒する酵素を創出したり、耐熱性を上げて高温でも働く抗体をデザインしたり、もしくは思い切って、既存のタンパク質にはないまったく新しい働きを持つ何かを考えてもいいだろう。私もかつて、アルカリ性で高い活性を示すある酵素の最適ｐＨを、どうにかして中性領域にまで広げるために、かなりの数の変異体を作成していたことがあった。第5

章でもふれた通り、タンパク質を合理的にデザインしようとしても、狙い通りに働かなかったり、また多くは予期せぬ構造の変化を起こしたりして、うまくいかないことの方がはるかに多かった。

米国の研究者フランシス・アーノルド博士も、タンパク質工学が実現した最初期に、タンパク質の機能を改良する研究に取り組んでいた。しかしアーノルド博士は、頭で考えてデザインする方法を突き詰めていくのではなく、いち早く「進化」の方法でタンパク質を創出する仕組みを考えた。これが2018年のノーベル化学賞にもなった指向性進化法である。

進化のアルゴリズム

進化を実験室に持ち込むにあたり、自然界の進化のプロセスを整理したい。ダーウィンが見抜いた進化の法則は実にシンプルである。親が子を生むとき、ときどき遺伝子に変異が生じる。そうすると、環境への適応が異なり、より良く適応した個体は次世代により多くの子を残すことになる。この自然淘汰によって多様な生物が生み出されてきた、というものである。

現代の私たちは進化のメカニズムを分子生物学のレベルで理解できている。すなわち、変異とは遺伝子の変異であり、その結果、タンパク質が変化して個体の性質が変化する。このように、遺伝子型

＊　アミノ酸を変える部位の組み合わせは300箇所×299箇所÷2＝4万4850通りあり、置き換えられるアミノ酸の種類がそれぞれ19種類あるから、300×299÷2×19×19＝1619万850通りとなる。

と表現型の両方があり、対応している必要があるのだ。表現型だけでは進化できない。天才科学者マンフレート・アイゲンは、指向性進化法の実験が行われる前に、次のような進化のアルゴリズムを考えていた[1]。

10 自己をテンプレートに変異体を作る
20 それぞれの変異体を分離しクローンを作る
30 クローンを増やす
40 クローンを発現させる
50 最適な表現型をテストする
60 最適な遺伝子型を同定する
70 最適な遺伝子型のサンプルを得て10にもどる

最終行に「1行目に戻る」と書かれているたった7行のアルゴリズムによって、生命は生み出されてきたのである。これほど単純で豊かなアルゴリズムは、もちろん他に例がない。

指向性進化法

この進化のアルゴリズムは実験室で再現できる。指向性進化法とは、ランダムな変異と自然選択を試験管内で再現し、タンパク質分子を進化させる方法である。アーノルド博士の最初期の研究は、サブチリシンEという加水分解酵素を有機溶媒の中でも働くよう改変することが目的だった[2]。博士はまず、エラーを誘導するPCR法を用いて、サブチリシンEをコードする遺伝子に変異をランダムに入れた。その後、有機溶媒であるジメチルホルムアミドの中でも活性がある酵素を選んだ。この二つのプロセスは、進化の言葉でいう「ランダム変異」と「自然選択」に相当する。

アーノルド博士の実験系をあらためて見てみると実によくできている（ノーベル賞を受賞するほどだから当たり前なのだが）。あらかじめ、寒天プレートにカゼインを含ませておき、ランダム変異を入れた遺伝子を持つ菌体を培養する。菌体からサブチリシンEが分泌されるとカゼインが分解されて透明になるので、目視で酵素活性の高いものが識別できるのだ。この実験を有機溶媒のある中で行い、優れた変異体を選択したあと、それを元にさらにランダムに変異を加えて世代を進めていく。最終的に、3世代進化させたサブチリシン変異体は、最初の酵素と比較して60％のジメチルホルムアミド溶液中で256倍もの活性を示したのであった[3]。この酵素は、元の酵素とは10箇所のアミノ酸が変わっていた。もとのサブチリシンと10箇所のアミノ酸が異なる酵素の候補は、宇宙の原子の数ほど存在する。とうてい人間の頭でデザインできるものではない。つまり、この酵素は進化の方法でしか創出できなかったと言える。

指向性進化法の優れたところは、最初のタンパク質が目的の機能をわずかにでも持っていれば、進化によってそこに優劣が生まれ、目的の形質を選び出せることにある。たとえば、珪素と炭素との結合を触媒するような特殊な酵素も、指向性進化法によって創出されている。[4] この人工酵素は、もっとも効率のよい化学触媒と比べても15倍も活性が高いというのだから、タンパク質のポテンシャルが実感できるだろう。

ファージディスプレイ法と抗体医薬品

タンパク質の創出でもっとも成功したテーマは、2018年のノーベル化学賞を分け合ったファージディスプレイ法による抗体医薬品の開発である。

ファージとは、細菌に感染するウイルスのことをいい、タンパク質をコードする遺伝物質（DNAやRNA）と、それらを包み込むキャプシドタンパク質からなる単純な構造を持つ。2018年のノーベル化学賞を受賞したジョージ・スミス博士は、ファージ遺伝子に外来遺伝子を組み込む実験を試みたところ、増殖したファージのキャプシドタンパク質に外来遺伝子から作られた人工ペプチドを結合させられることを発見した。[5] ペプチドがファージの表面に提示されるため、ファージディスプレイ法と命名された。

ファージディスプレイ法が一躍有名になったのは、抗体の生産が実現できたからである。2018年のノーベル化学賞のもうひとりの受賞者となったグレゴリー・ウィンター博士は、抗体の抗原結合部位をリンカーでつないだ1本鎖抗体をファージの表面に提示することに成功した。[6] 従来の方法ではマウスなどの異種生物に作らせるために、マウスの抗体が含まれたキメラ抗体になるが、この方法では抗原結合部位だけをデザインできるため、完全なヒト型抗体を作成できる。ヒト型抗体は、人間にも投与可能であるため、医薬品として使うことができる。

抗体薬は、ノーベル生理学・医学賞を受賞した本庶佑博士のオプジーボの開発のように、基礎科学の延長上に発見される例もある。しかし現在の創薬は、このような進化工学の手法によって作出する方法が主流になってきている。たとえば、完全なヒト型モノクローナル抗体のアダリムマブ（商品名ヒュミラ）も、進化工学によって作られたものである。アダリムマブは、２００２年にＦＤＡに認可されて以来、関節リウマチの優れた薬として現在も広く使われている。

物理法則でデザインする新しいタンパク質

コンピュータによるタンパク質のデザイン法も急速に進歩してきた。ここでいう「デザイン」とは、「物理的に安定な構造を形成する」タンパク質が得られるようなアミノ酸配列を探索する、という意味であり、「機能」を基準にする指向性進化法とは切り口が異なる。この手法が実用レベルに達したのは２０１５年ごろである。

ワシントン大学のデビッド・ベイカー博士は、計算によるタンパク質デザインの分野で傑出した成果を挙げてきた研究者である。彼らが開発したアルゴリズムＲｏｓｅｔｔａは、すべての原子の間に働く相互作用を計算し、安定な立体構造を算出するアプローチでタンパク質の構造をデザインする。つまり、既存のタンパク質構造をテンプレートにせず、データベースを参照したりもせず、自然現象として生じる相互作用を計算することで、タンパク質の構造を計算しようとするものだ。

このようなアプローチは、ラテン語で「ab initio（第一原理）法」や「de novo（新規）デザイン」などと呼ばれる。天然に存在しないタンパク質構造でも計算でき、1本鎖RNAの立体構造なども同じ原理で計算ができるのが利点だ。ただし、モデリング法と比べて膨大な計算量が必要になってしまうのが重大な欠点である。

Rosettaが初めて文献に登場したのは1999年のことだった。[7] インターネットがようやく一般にも広まりはじめていた時期で、科学の世界でもタンパク質やゲノムがコンピュータと連携しはじめていた。2005年になると、アミノ酸の数が85残基以下のタンパク質であれば、実験的に求まる立体構造と1・5オングストロームほどの違いで予測できるというインパクトのある成果が報告された。[8]

Rosettaによる新しいタンパク質のデザイン

それからさらに約10年が過ぎた2015年以降、大きなタンパク質の構造予測や、未知のタンパク質のデザイン、新規酵素のデザイン、巨大タンパク質への自己組織化ルールの発見など、ab initio 法によるタンパク質デザインの成果が立て続けに報告された。

直径約25ナノメートルの大きさを持つカプセル状の正20面体[9]や、直径約24ナノメートルと約40ナノメートルの正20面体の人工タンパク質[10]などはその代表例である。デザインされた人工タンパク質は、いずれも100キロダルトンを超える巨大なもので、前者は60個、後者は120個のタンパク質サブユニットが自己会合した構造を持っている。安定性も高く、80℃の高温や、飽和に近い6・7Mもの塩酸グアニジン中でも立体構造が壊れないのが特徴である。サブユニットに緑色蛍光タンパク質を結合させても正20面体の構造を形成する。このタンパク質を可視化できるナノスケールの箱のように使うと、たとえば抗体薬やDNAなどを入れておき、標的となる組織に正しく届くのかを顕微鏡で観察することも可能になる。

天然には存在しないタンパク質の形状のデザインも実現している。ヘリックス・ループ・ヘリックス・ループ……と構造を連ねただけの単純な反復構造を使い、コンピュータの計算によって83種類もの新しいタンパク質をデザインした成果も報告されている。[11] これらを実際に合成し、立体構造を調べたところ、半数は実験での構造解析と計算による構造予測が一致したというのだから、デザインの精度は驚くほど高い。

幾何学的な計算をベースに、生物がまだ使っていないタンパク質の構造をデザインした成果もある。そのひとつに、天然のタンパク質には不思議と存在しない左巻きヘリックス構造がある。[12] 40億年の進化によってもまだたどり着けていないのか、もしくは進化する必要がなかったのかまではわからないが、このような新規フォールドの発見と再現はab initio法の独壇場である。

逆に、TIMバレルのような天然の酵素が広く使っている立体構造モチーフを、既知のアミノ酸配列を参照せず、似た配列を使わずに実現した例もある。[13] このような成果が立て続けに報告されていた

2015年から2016年ごろは、コンピュータによるタンパク質構造の計算が、いよいよ実用レベルに達したと研究者が感じ取った時期であった。近々ノーベル賞の授与も期待されるテーマである。

酵素はデザインできるのか?

さて、タンパク質デザインの究極の目的は、新たにとてつもなく優れた「機能」をもつタンパク質、つまり酵素を作ることである。酵素は化学反応を触媒する機能を持つタンパク質であり、生命を生み出すに足るありとあらゆる有機物質を合成するポテンシャルがある。もし酵素を自由にデザインできるとしたら産業的なインパクトはきわめて大きい。また、酵素は水溶液中の温和な環境で反応を触媒できるので、金属触媒や有機触媒に比べて環境負荷も低い。そのため、酵素の開発はグリーンケミストリーの重要なテーマでもある。

酵素の活用は製薬の分野で進んでおり、生物由来の加水分解酵素や還元酵素、酸化酵素、アルドラーゼ、トランスアミナーゼなど20以上の化学反応の触媒として使われている[14]。しかし、コンピュータによる人工酵素のデザインは困難を極めており、有力な成果はまだ出ていない。それにはもちろん本質的な理由がある。

生物の遺伝子にコードされているタンパク質は、何十億年という長い進化の末に現れたものであり、進化の指標は「その環境で機能が発揮されるか」である。一方、ab initio 法によって作られた人工タンパク質は、「物理的に安定な構造を形成する」という基準だけで創出されたものだ。さらに、その人工タンパク質が機能を発揮するかどうかを知るには、タンパク質を構成する原子だけでなく、溶媒や溶質との相互作用まで正しく計算する必要がある。しかし、これらの計算が可能になる段階には現在まったく達していない。

デザインされた人工タンパク質は、遺伝子にコードされておらず、進化的な祖先もなく、突然現れたタンパク質である。40億年かけて機能の粋を極めてきた酵素とは、見た目は似ていても出自が異なるのだ。では、生物が生み出してきた天然タンパク質と、物理学的にデザインされた人工タンパク質とのあいだに、何か質的な違いがあるのだろうか？　まったく異なる原理が支配しているふたつのタンパク質の世界が出現したことは、興味深い論点である。

ＡｌｐｈａＦｏｌｄの誕生

タンパク質のデザイン法について、進化による方法と、第一原理計算による ab initio 法を紹介してきたが、もうひとつのアプローチとして人工知能（ＡＩ）がある。

歴史を振り返ると、タンパク質立体構造の予測精度を競う Critical Assessment of Protein Structure Prediction（ＣＡＳＰ）がはじまったのは１９９４年のことであった。アミノ酸配列からタンパク質の立体構造をどれだけ正確に予測できるのかを競う大会である。予測精度は、実験的に明らかにされたタンパク質の構造とのズレを指標化したグローバル距離テスト（ＧＤＴ）で評価され、０から１００までのスコアとして表現される。ＧＤＴスコアが90以上になれば、予測した立体構造が実験で求めた立体構造とほぼ等しいとされ、これがひとつの目標となってきた。この分野は、第一原理計算による ab initio 法の他に、既存のデータベースを参照しながらアミノ酸配列の相同性を比較するバイオインフォマティクス法が競い合い、または協力しあい、改良が進んできた。GDTの値でいうと、2006年から2016年までは30から40くらいの値を上下している状況が続いてきた。

2018年になると、AI研究を牽引するDeepMind社が開発した人工知能AlphaFoldがCASPコンテストに初参戦し、GDTスコアでいうと50を超える値をいきなり出し、初優勝をさらって注目が集まった。DeepMind社はAI研究の天才デミス・ハサビス博士率いる企業で、2014年からグーグル社の傘下に入っている。囲碁の世界チャンピオンを負かしたAlphaGoの開発でも有名だ。

2020年11月に開催されたCASP14では、AlphaFoldはGDTスコアが平均92・4という驚異的な数値を叩き出した。このスコアは予測構造が実験構造と原子1個分ほどのズレしかないという精度を意味し、もはやこのコンテストの役割が終わったと言えるような値であった。CASPを設立したジョン・モールト博士がうまく表現したように、「ある意味で問題は解決された」のである。[15] アミノ酸配列が決まれば立体構造が決まるというアンフィンセンドグマを、人工知能が独自のアルゴリズムによって解決したのだ。

AlphaFoldのアルゴリズム

２０２１年7月のネイチャー誌にＡｌｐｈａＦｏｌｄのアルゴリズムが公開されている。[16]ＡｌｐｈａＦｏｌｄは１２８個のマシーンラーニング・プロセッサを中心に構築された巨大システムで、これまでにタンパク質科学者が実験的に明らかにしてきたほぼすべてのタンパク質に相当する17万個のタンパク質立体構造を対象にトレーニングされたという。このトレーニングによって、ＡｌｐｈａＦｏｌｄはアミノ酸配列から立体構造を見抜くきわめて高度なロジックを独自に発見した。ただし、このロジックを私たちが丹念に追ってみても理解は困難だ。将棋のＡＩが指す妙手がプロ棋士にも理解できないことがあるのと同じように、物理法則では説明できないロジックで考えている。

現在ではＷＥＢベースでＡｌｐｈａＦｏｌｄが利用でき、われわれもその精度を体感できるようになっている。ＷＥＢサイトでアミノ酸配列を入力すると、小型のタンパク質ならせいぜい15分ほどで立体構造の予測結果が戻ってくる。２０２２年夏には、これまでに発見されていた約2億種類のタンパク質の立体構造をＡｌｐｈａＦｏｌｄが解読してしまい、誰でも閲覧できるようになった。タンパク質の立体構造がグーグル検索と同じくらい簡単に調べられるようになったわけだ。私たちが今やインターネットなしに生活が成り立たなくなっているように、ＡｌｐｈａＦｏｌｄ抜きにしてタンパク質の研究をすることができなくなる時代がはじまったのである。

改めて指摘しておくと、ＡｌｐｈａＦｏｌｄは、タンパク質のフォールディングの途中にどのような相互作用が働くのかについては考えていない。このような物理法則の一切をブラックボックスとすることによって、精度の高い構造予測が実現したと言ってもいいだろう。複雑なニューラルネットワークが、物理法則抜きに「何か」を考えて、アミノ酸の一次配列とタンパク質の3次元構造とを結びつけているのである。

タンパク質の宇宙

こうしてこのたった数年で、広大なタンパク質の宇宙を隅々まで探索できるようになった。その成果はバイオ医薬品としてすでに多くの人の健康に役立っており、今後はグリーンケミストリーに本格的に応用されたりするだろう。しかし、まだ天然変性タンパク質という最後の課題が残されている。現時点では、AlphaFoldによって探索されたタンパク質の宇宙に、構造を持たない天然変性領域は含まれていない。なぜなら学習の元となる情報がないからだ。天然変性タンパク質は生物のプロテオームの大部分を占めており、ヒトのタンパク質の63%は天然変性領域を持つとされる[17]。天然変性領域はタンパク質の溶液状態を決める配列であり、相分離を理解するカギを担う。その働きを理解するためには、相分離メガネを実装した探査機が必要になる。

タンパク質は小さい。平均的なタンパク質のサイズは数ナノメートルほどで、光の波長のおよそ100分の1しかない。この小さなタンパク質の可能性の宇宙は、現在の科学者がイメージできるどの宇宙よりも広いのである。

第10章　分子の群れを計測する

タンパク質科学は、20世紀後半の生物学の中心にあった。そしてタンパク質研究の歴史は、その可視化の限界を繰り返し突破してきた、計測技術の開発の歴史でもあった。細胞内の1個のタンパク質の動向をライブイメージングできる超高解像度顕微鏡や、精密な質量測定によってタンパク質の種類を同定できる質量分析法、分子動力学シミュレーションなどは、現在のタンパク質研究に欠かせない技術になっている。

タンパク質の計測技術の中でも、その形を調べるのは特に難しい。タンパク質は普通のサイズでも原子が1万個くらいはある巨大な分子であり、しかも固有の立体構造を形成している領域や、ふらふらとした不定形の領域があるなど、多様な個性のある複雑な構造を持つからである。立体構造を調べるためには原子レベルの解像度が必要になるので、当然ながらふつうの顕微鏡では見えない。しかも、タンパク質は何万個もの原子からなる大きさであるにもかかわらず、それが多様な溶液状態を形成する。そのうちの生体内でとっている状態を観察したいのだが、観測技術ごとにさまざまな制約があるのだ。本章で紹介するX線結晶構造解析やクライオ電子顕微鏡法は、その限界を超えることで新たなタンパク質像をもたらしてきた。

うねるミミズ

タンパク質研究は、計測技術がない時代に、優れたモデルが先行することではじまった。歴史を振り返ってみると、その原点は19世紀末のエミール・フィッシャーの「鍵と鍵穴説」である。* 酵素とは特定の化学反応を触媒するタンパク質のことをいうが、この酵素を鍵穴にたとえ、鍵となる基質が鍵穴にぴったり入ることで、特定の物質を認識できるのではないかとフィッシャーは考えた。タンパク質の正体も不明だったこの時期に、酵素の特徴をきわめて正確にとらえていたのは驚きである。

次に、タンパク質が固有の立体構造を形成していることが実験的に示されたのは20世紀半ばのことである。生化学者ジョン・ケンドリューは、マッコウクジラの血液からミオグロビンというタンパク質を多量に精製した。ミオグロビンは酸素を結合する働きがあるタンパク質である。ミオグロビンを結晶化してX線を照射すると、規則正しい反射パターンが得られ、その回折パターンから、タンパク質の立体構造が解読された。1958年にネイチャー誌に報告されたこの論文には、ミオグロビンのモデルの写真が記載されている。(1) 世界で初めて立体化されたタンパク質の構造模型を見て、ケンドリューは論文にこう書いている。「この分子のもっとも顕著な特徴は、その複雑さと、対称性の欠如であろう。この構造は、われわれが直感的に予想する規則性をほぼ欠いており、どのタンパク質構造理論が推測しているものより難解であると思われる」

このミオグロビンの模型は、太いミミズが丸まったような形をしており、写真を見ても確かに規則性がないように見える。ライナス・ポーリングがかねてから予想していたαヘリックス構造もなかった。その理由は明白である。当時は分解能がまだ6オングストロームしかなかったのだ。ミミズの胴体こそがαヘリックスであることがわかるには、あと3倍ほど解像度が上がる必要があった。

実際には、タンパク質の構造はきわめて規則正しくできている。ミミズの胴体のように見えた部分がαヘリックスであり、他にβシートやターン構造などのパターンの組み合わせでタンパク質の主鎖が折りたたまれている。そしてタンパク質の内部は、アミノ酸側鎖がきっちりパッキングされており、水分子ひとつも入り込めないほどである。タンパク質の立体構造は規則性と対称性のかたまりであり、その複雑で多様な構造に基づいて、鍵と鍵穴説のような機能が多数生まれてくる。このような実態が明らかになったのは、あとに続く計測技術の発展のおかげであった。

超巨大分子の描像へ

その後、X線結晶構造解析の精度が上がることで、タンパク質の立体構造が徐々に明らかになって

＊　フィッシャーはエステルの合成法で知られ、1902年にノーベル化学賞を受賞した化学者である。

いった。ただしこの技術の工程にはいくつもの難関がある。まず、その名前にもある通り、構造を調べたいものを結晶にする必要がある。結晶とは、原子や分子が規則正しく並んでいる状態をいう。つまり、ある程度の大きさの結晶を作るためには、研究対象となるタンパク質を多量に準備しなければならないのだ。そして良い結晶を作るには、不純物がないことが重要である。細胞内には何万種類ものタンパク質があるので、そのうち1種類のタンパク質だけを精製するのは極めて困難だ。

なんとか高純度に精製したタンパク質の溶液を用意したとしよう。次は、沈殿剤を入れてタンパク質の結晶化をうながす。しかし、どうやっても結晶化しないタンパク質もある。分子で良い結晶を作るには個々の分子の形が揃っている必要があるが、不安定なタンパク質の場合はさまざまな形を持った分子が含まれることになり、結晶になりにくいからである。質の高い大きな結晶ができればX線回折パターンを得ることができるが、結晶の質が悪い場合には当然ながらよいデータは得られない。また、結晶が不安定であればX線を照射しているうちに壊れてしまう。この結晶化も難しいプロセスなのである。その後、得られた回折パターンから数学的な演算をほどこすと、実空間にあるタンパク質の立体構造がようやく明らかになる。

最初の関門となる多量のタンパク質を入手するためには、遺伝子組換え技術が不可欠である。1980年代になると組換えタンパク質を多量に作らせることができるようになり、X線結晶構造解析によるタンパク質の研究も盛んになっていった。日本でも、3000種類のタンパク質の立体構造を明らかにするという「タンパク3000プロジェクト」に約500億円もの予算が付けられ、2002

年から5年間で4000種類以上のタンパク質構造が解明された。その後もタンパク質の立体構造の解明が進み、プロテインデータバンクの登録数は2014年5月に10万種類を越えるまでになり、2022年5月には19万種類に達した。

結晶化が難しいタンパク質の代表に、膜タンパク質がある。膜タンパク質は、細胞の内外に物質を輸送したり、細胞の外からシグナルを得たりする重要なタンパク質である。生体膜に埋もれた疎水性の領域と、生体膜から出ている親水性の領域があるため、そのままでは水溶液中に分散できない。そのため、界面活性剤を利用して結晶化する方法が開発されてきた。この技術は1990年代以降に花開き、そこから得られた成果にいくつものノーベル賞が授与されている。たとえば、ATP合成酵素（1997年ノーベル化学賞）や、イオンを通すカリウムチャネル（2003年ノーベル化学賞）、水分子を通すアクアポリン（2003年ノーベル化学賞）、嗅覚受容体（2004年ノーベル生理学・医学賞）、アドレナリン受容体（2012年ノーベル化学賞）などがある。

また、遺伝子の転写や翻訳はかなり複雑なプロセスであり、この過程で多くのタンパク質が働いている。DNAからRNAへの転写に関わるRNAポリメラーゼの発見と立体構造の解析（2006年ノーベル化学賞）や、RNAからタンパク質への翻訳に関わるリボソームの仕組み（2009年ノーベル化学賞）がノーベル賞になっている。とりわけリボソームは、数十ものサブユニットからなる数千キロダルトンもある超巨大なタンパク質RNA複合体である。その立体構造が、20世紀最後の2000年に同時に3グループから報告された。丸まったミミズのような模型からはじまったX線結晶構造解析法は、この頃に完成の域に達したと言えるだろう。

タンパク質の立体構造を調べるもうひとつの方法に、核磁気共鳴法（ＮＭＲ）がある。多次元ＮＭＲ法が開発されると（２００２年のノーベル化学賞）、水溶液中でのタンパク質の立体構造を明らかにできる方法として、Ｘ線結晶構造解析を補償する重要な手法になった。ただし、あまり大きなタンパク質の構造解析には向いていないという欠点があった。

クライオ電子顕微鏡の革新的な進歩

２０１０年ごろまでは、タンパク質の立体構造を調べる計測法は、Ｘ線結晶構造解析とＮＭＲしかないという状況であった。当時、タンパク質の立体構造データベースに登録されている構造のほとんどはＸ線結晶構造解析によって得られたもので、大きく水をあけてＮＭＲによる成果が続いていた。しかしその後、クライオ電子顕微鏡が登場し、急速に発展していった（２０１７年ノーベル化学賞）。その利点は、大きな分子を結晶にしなくても調べられることである。これがいかにすごいことなのかを順を追って説明していこう。

基本的なアイディアは以下のようなものだ。もともと、電子顕微鏡は分解能が低いため、タンパク質の立体構造を詳細に分析するには不向きな方法であった。そこで、顕微鏡として使用するのではなく、膜タンパク質を2次元結晶にし（つまり平面を埋め尽くすように規則的に並べて）、電子線回折パターンを元に立体構造を明らかにする方法が開発されてきた。その中でもクライオ電子顕微鏡は、電子顕微鏡で観察する前に試料を凍結させるのが特徴である（「クライオ」は「冷凍」という意味）。液体ヘリウムで一挙に凍らせることでタンパク質を固定化し、電子線への耐性を上げることができる。その後、画像解析と検出器が革新的な進歩を遂げ、単粒子解析法の解像度が実用レベルに達すると、クライオ電子顕微鏡は一躍脚光を浴びるようになった。

単粒子解析法とは、凍らせたタンパク質の試料を繰り返し測定し、いろいろな方向のタンパク質の2次元の撮像データを元に3次元の立体構造を明らかにする方法である。全画像を可能にする3次元体がどのような形状なのかを、コンピュータで絞り込んでいくのだ。その利点は、「単粒子」とある通り、タンパク質を2次元結晶にしなくてもよいという点であり、結晶にしにくいタンパク質も対象にできる。

この技術を実現するために必要となるのは画像処理である。原点にあたる成果として、ヘモシアニンを電子顕微鏡で解析したヨアヒム・フランクらの１９８１年の報告がある。[2] １９９５年には大腸菌の持つリボソームの電子顕微鏡の写真から立体構造を再構築したものが報告されたが、分解能はまだ25オングストロームほどで、タンパク質全体の形状がぼんやりわかる程度であった。[3] タンパク質の機能と結びつけて理解するためには、解像度が1桁足りない。

もうひとつの技術革新は検出装置に起きた。初期には、スマホのカメラなどについているＣＣＤ（Charge-Coupled Device）が検出装置に使われていた。まずシンチレーターで電子線を検出して光に変換し、この光をＣＣＤに記録する方法である。この方法は電子と光の変換が必要で、原子レベルの高精度の分解能を得ることは原理的に困難だった。しかし、2000年代に入ると、光ではなく電子をそのまま検出できるDED（Direct Electron Detector）が開発された。その結果、分解能がアミノ酸を識別できる3オングストロームに至ったのである。(4)

躍動するタンパク質の像を捉える

タンパク質のX線結晶構造解析を用いるには、タンパク質を結晶化しなければならない。そのため、結晶化しにくい領域を削除したり、結晶化させるために安定な分子を結合したりすることで、膜タンパク質や巨大なタンパク質を結晶化して立体構造を明らかにしてきた。この結晶化技術はきわめて高度で、かつインパクトが大きく、ノーベル賞を授与するにふさわしいものだった。

一方、単粒子クライオ電子顕微鏡による分析は、結晶化のプロセスが不要である。このきわめて重要な特徴により、それまでは不可能だった計測が可能になった。たとえばリボソームの場合は、mRNAからタンパク質を翻訳する際に、多くの物質が結合と解離を繰り返すことでいくつもの化学反応が進行する。そして、それにあわせてリボソームの立体構造も変化する。このようなタンパク質の変形をもしX線結晶構造解析で分析するならば、各段階のタンパク質を大量に集めて、精製して結晶化する必要がある。これは、現実的にはまったく不可能なことである。しかし、単粒子クライオ電子顕微鏡法ではこのような人為的な介入が不要である。さまざまな構造を持ったタンパク質試料をそのまま凍結し、2次元データとして多くの写真を撮って画像解析し、3次元データを得る。この撮像データには段階の異なる複数の構造が含まれていても構わない。

このような画像処理技術を活かし、リボソームのｔＲＮＡの結合による構造変化[5]や、ペプチドへの翻訳にともなう構造変化[6]などがクライオ電子顕微鏡によって明らかにされていった。つまり、クライオ電子顕微鏡を使うと、タンパク質が働く様子を動画で見るように再現できるのである。Ｘ線結晶解析法によってリボソームの立体構造とメカニズムを明らかにし、ノーベル化学賞を受賞したヴェンカトラマン・ラマクリシュナンも、いち早く単粒子クライオ電子顕微鏡による研究を進めており、ミトコンドリアのリボソームの39種類の立体構造を報告している[7]。

このように単粒子クライオ電子顕微鏡の登場により、膜タンパク質や巨大タンパク質、ウイルスのような巨大な構造物の解明まで一挙に適応範囲を広げることになった。単粒子クライオ電子顕微鏡法が確立した２０１５年にトップジャーナルに記載された例だけでも、デング熱ウイルスと抗体の結合や[8]、レトロウイルスの宿主ゲノムへの組み込み[9]、バクテリアの分泌システムの巨大な膜貫通鞘状構造の形成[10][11]、麻疹ウイルスのＲＮＡを包むヌクレオキャプシドの構造[12]、ゲノム編集のために使われるＣａｓヌクレアーゼとＲＮＡの複合体[13]、ＤＮＡ複製開始点とヘテロ６量体ヘリカーゼの結合構造[14]、超好熱菌に感染する棒状ウイルスＳＩＲＶ２の感染機構[15]、出芽酵母のＶ型ＡＴＰアーゼ[16]、細胞内輸送の仕組みである小胞の形成[17]などがある。

新型コロナウイルスについても、単粒子クライオ電子顕微鏡による重要な貢献があった。ＳＡＲＳ－ＣｏＶ－２ウイルスが同定されてわずか３ヶ月後には、ウイルスの感染時に宿主細胞に結合するスパイクタンパク質の立体構造や、[18] ウイルスに結合するヒト受容体ACE2の立体構造[19]が明らかにされている。

見えるということは強力な証拠になる。カリウムチャネルのようにカリウムイオンがぴったり入る穴が空いていれば、これはちょうどそのイオンだけを通す穴なのだということがわかるし、酵素の活性部位に求核攻撃できる官能基があれば、これは加水分解をするだろうと推測できるからである。

こうしてタンパク質の構造が何千種類、何万種類と明らかにされ、タンパク質の機能が教科書に整理されていった。技術的に見えていないものがあるうちは、そこに生命を理解する鍵があると考えられていたのだ。そして実際、計測技術の進歩はタンパク質研究の進歩に直結していた。分厚い生化学の教科書をひもとくとわかる通り、代謝に関わる何百種類もの酵素が網羅されている。だから今後も、まだ見えていない部分を追求していけば、いつかは――しかし、本当にそれだけで良いのだろうか？

ラーメンと生命

筑波大学で「計測実験学」という講義を15年ほど担当している。ここで私はX線結晶構造解析やクライオ電子顕微鏡などのタンパク質の計測技術をまとめて紹介し、その技術によって見えてきたタンパク質の世界を説明している。

4回の連続講義の半ばに、レポートを課すことにしている。応用物理主専攻が主催するこの講義で、工学系の学生に計測の本質を問いたいからだ。

このような分子や原子のレベルでの研究が深まっていくと、いったいタンパク質の何がわかるのだろうか？　それで生命が理解できるのだろうか？　少し考えやすいように、次のようなお題にしてみた。「ラーメンを生きた状態にするにはどうすればいいか？」

ラーメンにはタンパク質も脂質もＤＮＡも含まれており、塩分も水分もビタミンも入っている。私たちと成分は似たようなものである。あらためて考えてみると、ラーメンを構成する物質は、ラーメンになるほんの少し前までは、小麦や豚やネギや海藻や魚だったものである。つまり、食べ物の来歴はすべて生物である。しかし、ラーメンは生きていない。

工学系の学生なので、ラーメンを材料とみなして細胞と同じものを再構築すれば生きた状態になるという意見もけっこう多い。つまり、生きた細胞を厳密に測定して設計図を作り、ラーメンから必要なタンパク質やＤＮＡや脂質などの分子をひとつずつ高性能ナノピンセットで並べていけば、生きた状態になるのではないかという意見である。しかし、本当にそうすれば生きた状態になるだろうか？　こんなことはまだ誰もやっていない高度な技術が必要なので、はっきりしたことは言えないのだが、実際には生きた状態にはならないだろう（第１章参照）。このお題で考えてほしいのは、分子と生命をつなぐ法則である。相分離生物学は、分子という部品と全体をつなごうと試みている。

計測の先に考えること

生命と部品の関係を考えるとき、いつも電卓を想像する。一般的な電卓には、０から９までの数字と「＝」「＋」「－」「×」などの記号が配置されており、計算結果がわかるように液晶画面がついている。この電卓のボタンの「3」「+」「4」「=」を順番に押せば、画面に「7」と出てくる。なぜ「7」が出てくるのか。この「7」が出てくる仕組みを理解するために、どのような計測技術を用いて何を調べればいいのだろうか？

ボタンをひとつずつ取り出して、大きさや質量や表面の荒さ、粘弾性、電気伝導度などの物理量を可能な限り測定し、ボタンの奥に配置されている金属線やプラスチックの組成を何桁もの高精度で分析したとしよう。しかし、こういうアプローチをいくら続けても、「7」がどうして出てくるのかはわからないだろう。

では、「電卓の機能」を理解するためには何を計測すればいいのだろうか。そしてその計測結果をどう活用すれば、「電卓の機能」が再現できるのだろうか？　電卓の機能を再現するためには、実体として計測できる部分を考えるだけでは不足している。演算を実現するための数学と、それを実行する論理回路と、それを実体化する電磁気学などの学問体系の理解が必要なのである。

細胞も同じことである。細胞内に含まれるあるタンパク質の立体構造をきわめて精密に測定したとしても、そこで理解できるのはあくまでタンパク質の働きである。電卓で言えば、部品の中のひとつのコンデンサの仕組みがわかるようなものである。その内部には電極と誘電体と導線が張り巡らされており、電荷を蓄えることができるという働きが理解できるだけである。知りたいのは、そのコンデンサと周辺の部品の関係であり、部品と部品のつながりである。しかも生命の場合には、部品は固定されておらず、変化し続けている。

大学の講義のあとラーメンのお題を出すと、細胞を構成する部品を正確に調べても生命は理解できないと解答する学生が、毎年少数ながらいる。その人たちは大事なことを見抜いている。あるレポートに、いただきますという形に両手をあわせた人の絵が描いてあったのをよく覚えている。ラーメンを生きた状態にするには、ラーメンを食べるといい。これは生命の本質である。私たち人間は、1年に実に1トンもの食物を食べる。命だったものをいただき、ふたたび命にしているのである。

第11章　相分離スケールの野望

シスプラチンはがんの治療に広く使われている抗がん剤である。[1]この薬は、白金の錯体であることから白金製剤と呼ばれることもある。日本で承認されたのは1984年のことで、それ以降、副作用が少ないカルボプラチンや、大腸がんに特に効果の高いオキサリプラチンなどの白金製剤の開発が進められ、多くの患者に使われてきた。

白金製剤は、点滴で投与されると細胞内に取り込まれ、DNAを化学修飾する。その結果、DNAの複製や遺伝子の転写が阻害される。このような働きがあるため、活発に活動しているがん細胞にとりわけ効果があり、がん細胞は優先的にアポトーシスを引き起こして死ぬことになる。

このように、薬の効き方を説明する際には、主に薬の分子とその標的がいかに反応するかに注目する。しかし実際に反応が起きるのは、さまざまな種類の生体分子が含まれた生体内である。この説明からは、薬剤分子がいかに体内を拡散し、細胞内小器官やさまざまな分子がひしめく細部内をくぐり抜けて標的に出会うのかは見えてこない。たとえば、溶け出した無数の薬剤分子が細胞内に取り込まれたとして、それらはお湯にネスカフェを溶かしたときのようにさっと広がっていくのだろうか？　細胞内に均一に広がっていき、たまたまDNAと結合した分子だけが化学反応を起こして、薬としての役割を発揮するとは考えにくい。では分子はどのようにして標的に到達しているのだろうか。薬のメカニズムを考えるとき、この部分の理解がすっかり抜け落ちているのである。

スーパーエンハンサー

細胞内にあるタンパク質やDNAやRNAなどの生体分子は、生物学的相分離によって形成されたドロプレットを形成しているものが多い。遺伝子の転写やタンパク質への翻訳、タンパク質の分解、損傷したDNAの修復、物質の輸送や蓄積、細胞外から受け取ったシグナルの伝達、光合成、繊毛や鞭毛の運動など、多岐にわたる働きがドロプレットの形成と関連があることがわかってきている。

遺伝子の発現と制御も例外ではない。遺伝子の発現をうながす特定のDNAの領域を「エンハンサー」といい、真核細胞内での発見は1983年にまでさかのぼる[2][3]。エンハンサー領域は100塩基から1500塩基ほどからなり、ここに転写活性因子やコアクチベーターと呼ばれるタンパク質が結合することで遺伝子の発現量が増加する。エンハンサーはヒトゲノムに数十万個はあるとされ、遺伝子の近くにあるものもあれば、100万塩基も離れたところに存在するものもあり、特徴がよく摑めていなかった。ただ、遺伝子の発現が促進されるという機能だけが知られていたのである。

また、核の中には転写因子やコアクチベーターがＤＮＡの周囲にたくさん集まっている領域があり、これをスーパーエンハンサーと呼ぶ。スーパーエンハンサーを形成しているＤＮＡの領域からは遺伝子が特に活発に発現し、この発現のパターンによって皮膚や肝臓や神経などの多様な組織に固有の細胞の特徴が現れる。そして、スーパーエンハンサーはがん細胞にも多く見られる。

２０１８年、このスーパーエンハンサーもドロプレットであることが明らかにされた。著名な分子生物学者リチャード・ヤングらの研究チームは、「ＤＮＡのエンハンサー領域に転写因子やコアクチベーターが結合する」という従来の考えを逆転させ、新しい見方を提唱した[4]。つまり、転写因子やコアクチベーターにはもともとドロプレットを形成しやすい性質があり、それらと相互作用しやすいＤＮＡ領域がエンハンサーとして見出されているというのである。遺伝子を活発に発現させるというエンハンサーの特徴は、ＤＮＡ領域の側にではなく、転写因子やコアクチベーターが集まってできたドロプレットの特性に由来するというわけだ。

ドロプレットと薬の関係

ドロプレットは特定の種類のタンパク質やＲＮＡから構成された、流動性のある集合物である。ドロプレットの内部と外部では組成が異なるのだから、当然、誘電率や粘度などの溶液としての特徴も異なっている。すなわち、ドロプレットに溶けやすい分子は内部に入り込みやすいし、溶けにくい分子は入りにくいということになる。

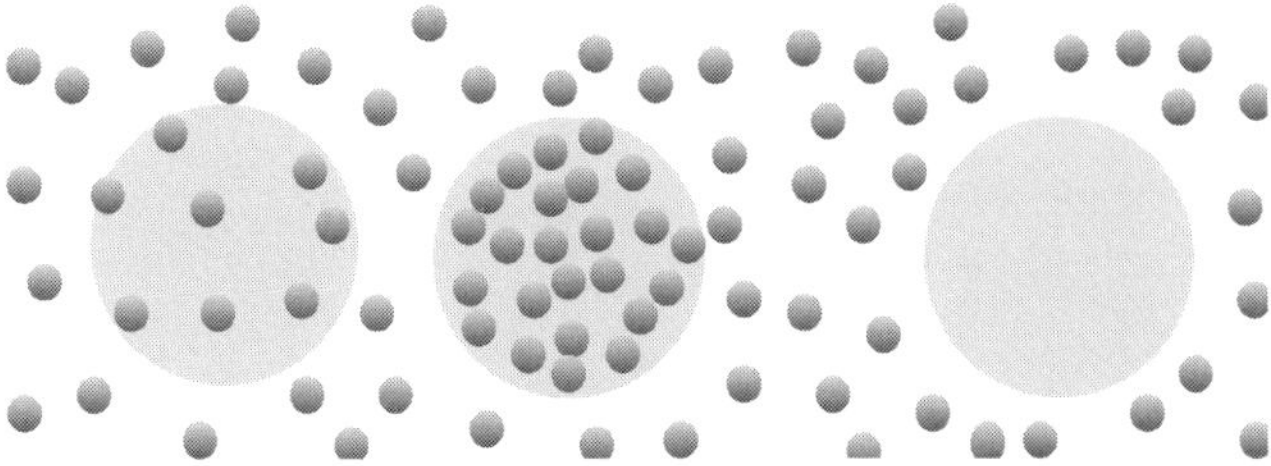

図 12　ドロプレットと薬の関係。左は、ドロプレット（大きな丸）があってもなくても、低分子の薬（小さな丸）の存在しやすさが変わらない場合。中央は薬が濃縮されやすい場合、右からは薬が排除されやすい場合を表している。

ここで、ドロプレットと低分子の一般的な関係を整理したい。**図12**には、2種類のタンパク質が形成する、それぞれ組成の異なるドロプレットが描かれている。ドロプレットはそれぞれ溶液としての性質が異なり、また外部とも性質が異なる。このような環境に、薬剤の低分子を加えたとしよう。ドロプレットの境界には仕切りなどがないので、薬剤は自由に移動しながらも、ドロプレットや外液の安定なところにたくさん溶けるようになると考えられる。

ドロプレットがあってもなくても関係なく薬が分散しているケースもあるだろうし、または濃縮されるケースもあるだろう。逆にドロプレットから薬が完全に排除されるようなケースもあるだろう。その結果、薬は特定の領域に集まりやすかったり、集まりにくかったりするはずだ。このような推測をもとに、細胞内で抗がん剤がどのように働くのかを実験的に調べてみた成果が２０２０年のサイエンス誌に報告されている[5]。

シスプラチンの本来の機能

ここに、冒頭で紹介したシスプラチンが登場する。リチャード・

ヤングらの研究チームは、抗がん剤のシスプラチンなどが細胞内にどのように分布するのかを調べた。その結果、やはり薬剤は細胞内に均質には分布していないことがわかった。それならば、薬剤分子がどこに高濃度に存在するかによって効き方が大きく変わるはずだ。

この論文は、薬が細胞内でどのように分布するのかを相分離メガネをかけて調べた初めての例となった。しかし、実験に使われている技術自体はそれほど高度なものではない。このような研究が行われていなかった理由は、相分離生物学以前には、単にこのようなことを調べる意味があるか判断できなかったためである。これまでは、お湯にネスカフェを溶かしたときのように、細胞内に薬が取り込まれたら勝手に溶けて広がるものだと漠然と思いこんでいたのだ。

そしてこの薬剤の分布に、スーパーエンハンサーがからんでいた。スーパーエンハンサーにはMED1と呼ばれる転写活性因子がたくさん含まれている。試験管内でこのMED1を持つスーパーエンハンサーのモデルを再現したところ、シスプラチンがこの中に濃縮されることがわかった。一方、ふつうの蛍光色素などはスーパーエンハンサー・モデルには取り込まれなかった。また、MED1とシスプラチンからなるスーパーエンハンサー・モデルにDNAが入ると、DNAの化学修飾が効率的に生じることもわかった。つまり、MED1とシスプラチンとDNAは共に集まりやすい性質があり、その中でシスプラチンとDNAが化学反応していたのである。第2章で紹介したような、化学反応の効率化が実際に起きていたのだ。この薬剤分子は、細胞内に均一に拡散していたのではなく、標的の近くに集まりやすい性質を持っていたわけである。

実際に大腸がんの細胞を観察すると、DNAとMED1が同じ場所にあることが確認されている。さらに興味深いことに、シスプラチンが取り込まれて反応が進むと、このスーパーエンハンサーの成分が変化し、なんとドロプレットの状態から溶解して分散することがわかった。最後の機能はまったく予想外のものであった。

シスプラチンの抗がん剤としてのメカニズムを整理すると次のようになる。シスプラチンは、DNAを化学修飾することでDNAを壊す働きがあると想定され、開発された。しかしシスプラチンの機能はそれだけではなかった。そもそもシスプラチンはスーパーエンハンサーに溶けやすい性質を持つため、標的の近くで濃縮され、その内部でDNA修飾が促進されていた。さらに、反応が進むと、スーパーエンハンサーをドロプレットの状態から溶解させることで濃縮されていた関係分子を分散させ、遺伝子の活発な発現も抑えていたのである。薬剤分子は、個々に機能をもつだけではなく、集団として相分離状態を制御する機能ももっていたのだ。こうして数十年ものあいだ誰も想像していなかった新たなメカニズムが発見され、この優れた薬効の理由が明らかになった。

タモキシフェンと副作用

もうひとつの抗がん剤についても相分離メガネをかけて理解しなおしてみたい。一部の乳がんは女性ホルモンのエストロゲンが増加することで発症する。このタイプの乳がんに対して効果がある抗がん剤がタモキシフェンである。タモキシフェンは、エストロゲンの受容体に結合することで、細胞の異常な増殖をおさえることができる。[6]

リチャード・ヤングらは、エストロゲン受容体もスーパーエンハンサーに濃縮されることを発見した。[5] さらに、ここにタモキシフェンを加えると、エストロゲン受容体がスーパーエンハンサーから排除されることで、薬の効果が高くなることも明らかにした。すなわち、タモフェキシンは、特定の受容体の阻害剤としてデザインされたものだったが、同時にその受容体の相分離性を制御する性質も持っていたのである。もちろんこの性質は、開発当初には想定されていなかった。

タモキシフェンの副作用のメカニズムについても、次のように考えられるだろう。乳がんの患者にタモキシフェンを投与し続けると耐性が生じるが、そのとき、ＭＥＤ１が過剰に発現することが知られていた。[7] 両者は一見無関係に思えるが、溶けやすさという点から理解できる。すなわち、ＭＥＤ１が過剰発現すると、ドロプレットに溶けているタモキシフェンが希釈されてしまうので、エストロゲン受容体を阻害する働きが低下するのである。これがタモキシフェンの耐性のメカニズムである。

薬効とは何か

薬とドロプレットの関係を整理してみたい。タンパク質がドロプレットを形成しているとしよう。そこに低分子を加えると、ドロプレットに溶けやすいものは取り込まれ、そうでないものは排除される。これが**図12**で描いたシンプルなイメージ図だった。

ここで、**図13**に薬とターゲットタンパク質とドロプレットの関係を示す。これまで薬の開発を目指

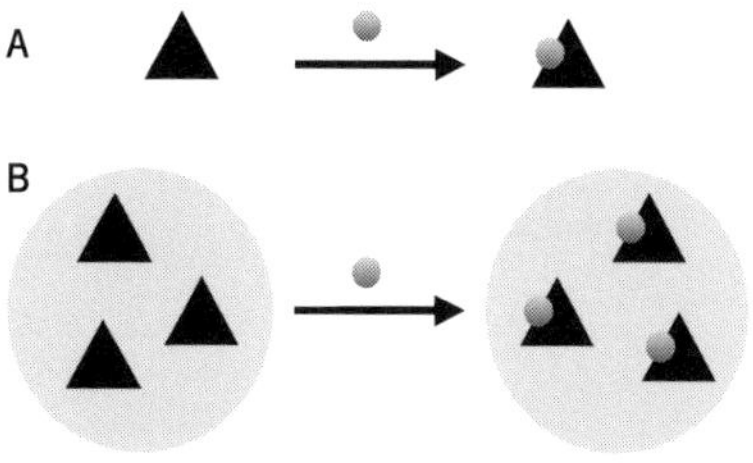

図 13　薬とドロプレット。これまではターゲットとなるタンパク質（三角）に結合する薬（丸）が設計されていた（**A**）。今後は、ターゲットとなるタンパク質が溶けているドロプレット（大きな丸）に侵入できることも薬を設計する際に考慮する必要がある（**B**）。

す研究者は、受容体となるタンパク質の立体構造を調べ、そこにぴったり結合する分子をデザインしてきた（**A**）。だが、細胞内では多くのタンパク質がドロプレットを形成することで機能したり保存されたりしていると考えるべきなので、本来の薬のデザインは、特定のドロプレットへの溶けやすさも考慮されたものでなければならない。**図13B**はドロプレットの内部にある受容体タンパク質と薬の関係を示している。このとき薬として機能するためには、薬はターゲットのタンパク質に結合する性質と受容体が含まれたドロプレットに溶け込みやすい性質をあわせ持つ必要がある。ドロプレットに溶けにくい薬は、効果が現れるまでに過剰に投与する必要があり、副作用などの問題も現れてくるだろう。逆に、特定のドロプレットに濃縮されやすい性質があれば、優れた薬効が得られるだろう。シスプラチンはまさにこのパターンだ。設計時に意図された働きだけでなく、うまくターゲットと一緒に濃縮される性質を持つために、高い薬効を示すことができたのである。

また、薬が取り込まれることでドロプレット内の濃度バランスが変わり、新たな安定な状態としてドロプレットが溶けたり、別の物質を取り込みやすくなったりもするだろう。タモキシフェンと結合したエストロゲン受容体がスーパーエンハンサーから排除されるようなケースである。

これからの薬はターゲットとなるタンパク質やＤＮＡに結合するということだけでなく、ドロプレットの形成のしやすさや溶けやすさもあわせてデザインされなければならない。これが相分離生物学の時代に期待される新しい創薬の見方である。

そのためには、各タンパク質が形成するドロプレットの溶液としての性質を推定できれば便利だ。それは、タンパク質がドロプレットを形成するのはどういう指標に基づくのかということである。「相分離スケール」とでも言うべき指標ができれば、あるタンパク質がドロプレットをどの程度作りやすいのか、またはそのドロプレットに何が溶けやすいのかを予想できるようになる。それでは、どうすれば溶けるということから相分離スケールを求めることができるのだろうか。これは今もっとも心惹かれるテーマであり、まさに探索中のトピックでもある。そのため読みにくいかもしれないが、現時点での考えを書いてみたい。

アミノ酸を水に溶かす

細胞内にあるドロプレットを直接計測するのは至難の業である。この難しさは前章で紹介したタンパク質の立体構造の計測の難しさとは異なる。タンパク質の立体構造の計測技術は１オングストロームという原子レベルの高解像度を求めて開発されてきたが、ドロプレットはサイズ的にはもっと大きい。おおむね１００ナノメートルなので、原子レベルの１０００倍の解像度でも足りるのだが、さまざまな分子を含んだ夾雑系の中に一時的に作られているので計測が難しいのだ。しかも秒単位でドロプレットは形成したり分散したりもする。この柔らかな構造物を扱うためには、直接計測することなくその性質を推定する方法を考えることがひとつの有力なアプローチとなる。

この方法の先例を紹介していこう。まずここで、溶けるとは何かを考えてみたい。天然のタンパク質を構成するアミノ酸は20種類ある。水にもっともよく溶ける天然アミノ酸はプロリンで、100ミリリットルの水に130グラムも溶ける。これほどよく溶けるということは、「プロリンが水に溶けている」というよりは、「水分子とプロリン分子が混じり合っている」というほうが正しい表現かもしれない。反対にもっとも水に溶けないアミノ酸はチロシンで、100ミリリットルの水にたった54ミリグラムしか溶けない。つまり、コップの水にほんのひとかけらを入れても溶けないのだ。

また、100ミリリットルの水にフェニルアラニンは2・8グラム溶ける。つまり、フェニルアラニンはチロシンより約50倍も水に溶ける。しかし両者のアミノ酸の構造を比較してみると、親水性のヒドロキシ基がついているチロシンの方が水に溶けそうに思える。にもかかわらず、現にチロシンはフェニルアラニンの50分の1しか水に溶けないのである。

いったいなぜなのか。それは、溶けるという現象は、その分子が水になじみやすいかどうかではなく、その分子の固体状態と溶液中に分散した状態の平衡で決まるからである。チロシンは結晶状態がきわめて安定で、水に分散するよりは結晶になりやすい性質がある。そのためチロシンは、水にごくわずかしか溶けない。一方、プロリンは結晶になりにくいので水に溶ける。いわば、水に溶けやすいというよりも固体にならないために、どこまでも水に溶けているしかないのだ。あくまでも、その分子の取りうる状態同士の比較により溶けやすいかどうかが決まるのであり、異なる分子間でどちらが溶けやすそうかを考えることは、実際の状態を考える上ではあまり意味がないのである。

なお疎水性とは、その物質が水になじむのか、それとも水をはじくのかという性質によって決まる。つまり水と油のどちらに溶けやすいのかによる値である。フェニルアラニンとチロシンを比べると、フェニルアラニンの方が水によく溶けるにもかかわらず、疎水性は高い。

疎水性スケール

ドイツの生化学者チャールズ・タンフォードは、アミノ酸の溶解度とタンパク質の構造に関する研究の泰斗である。タンパク質が立体構造を形成する際、内部に存在しがちなアミノ酸は水に接しないので疎水性のアミノ酸であり、逆に外部に多く存在するアミノ酸は親水性であると考え、疎水性を実験的に求める方法を開発した。あるアミノ酸が水と有機溶媒のどちらによく溶けるのかを比較することで、アミノ酸の疎水性を求めたのだ。1971年には一連の研究をまとめ、「疎水性スケールの確立」とサブタイトルをつけた論文を報告している。[8] この論文は後年、タンパク質の研究者に広く引用されるハイインパクトな成果となった。

ただし、タンフォードもアミノ酸側鎖の疎水性と溶解度がピタリと一致しないことに気づいていたようである。この論文の最後に、「It seems probable」ともってまわった書き出しで、次のようにお茶を濁している文章がある。「アスパラギンやグルタミンは、分子内外で水素結合することで一種類以上のコンフォメーションを取ることができるのだろう」。このように、あるアミノ酸がタンパク質の立体構造をどのように形成するのかを理解するためには、アミノ酸の溶解度を突き詰めていくだけでは限界がある。

これを質的に改良した研究者に、ジャック・カイトとラッセル・ドリトルがいる。ここで提案されたハイドロパシースケールは、疎水性スケールと同じようにアミノ酸にそれぞれ固有の数値を与えているが、各アミノ酸に固有の溶解度から求めた側鎖の性質の他に、タンパク質を構成したときにそのアミノ酸が内部にあるのか外部にあるのかについても加味して値が算出されている。プラスの値が大きなものほど疎水性が高く、逆にマイナスの値が大きなものほど疎水性が低い。

タンパク質を構成するアミノ酸にこの数値を当てはめていくと、プラスの値が続いたり、またはそれが途切れてマイナスの値になったりと変動が見られる。この値の変動からタンパク質の立体構造がかなり精度良く予想できるのである。特に膜タンパク質のように、膜の内部に埋もれる領域と膜の外部の親水性の環境に出る領域が規則正しく並ぶようなものは、ぱっと見た目にもわかるほどクリアな結果が得られた。

ハイドロパシースケールは、タンパク質の立体構造をよく予想できる疎水性スケールの一種だが、相分離スケールはこれとは異なる値になるはずである。ハイドロパシースケールは、あるアミノ酸の側鎖が水を好むか嫌うかという指標によってタンパク質の立体構造を予想するものだが、相分離スケールは、あるアミノ酸が水を含んだあるアミノ酸溶液を好むか嫌うかという指標だからだ。

相分離スケール

ここで、今度はアミノ酸に固有の相分離スケールがどのような意味を持ち、それをどうすれば求めることができるか、まだ議論の余地は多いが、今後の方針を書いておきたい。

さきほど述べたように、アミノ酸の溶解度（アミノ酸の水への溶けやすさ）とは、分散した状態になりやすいか固体になりやすいかの差であり、アミノ酸の疎水性とは、アミノ酸の水と有機溶媒への分配の差である。これらの値に既存のタンパク質の立体構造に配置されているアミノ酸の特徴を合わせて、ハイドロパシースケールが提案された。このようにして、各アミノ酸に固有の「タンパク質の立体構造の取りやすさ」が指標化され、広く活用されてきた。ただし、このハイドロパシースケールはアミノ酸からタンパク質の立体構造を予想するには完全ではない。まさに、タンフォードが半世紀前には気づいていないながら説明できなかった部分である。そこにはおそらく、タンパク質単体の形状を考えるだけではたどり着けないのだ。

アミノ酸の相分離スケールをつくるにはどうすればいいのか。タンパク質が形成する微少なドロプレットにアミノ酸が溶けるのかを直接調べることはできないが、同じ組成の溶液を用意して実験することはできる。タンパク質のドロプレット内部は、水分子の他にアミノ酸が多量に溶けたような状態になっている。そのため、アミノ酸の飽和水溶液に、あるアミノ酸が溶けやすいのか溶けにくいのかを実験的に求めれば、それがアミノ酸に固有の相分離スケールになる。このようにすれば、ドロプレットを顕微鏡などで直接観察することは難しくても、その背後にある原理は理解できる。分量がかけ離れていても、両者の溶液物性は同じだからだ。

この研究の第一歩目として、芳香族アミノ酸がアミノ酸溶液にどれだけ溶けるのかを実験的に求め、相分離スケールの一部を報告している[9]。この先、すべてのアミノ酸がアミノ酸溶液にどれだけ溶けるのかを明らかにし、それが連なってタンパク質になったときの補正をすれば、相分離スケールが完成する。この相分離スケールこそ、溶けるという現象を生命の理解の基礎に置くための重要な指針になると考えている。溶けるとは分子の集団のふるまいであり、そこに、さまざまな状態に遷移しながら化学反応を促進したり抑制したりしている、生命活動の糸口があるように思えるからだ。

第12章　人工生命というアプローチ

生命とは何か。その答えが「DNAとタンパク質の関係」にあると考えた分子生物学は大きな成果を挙げたが、答えはまだ得られていない。新たな糸口として相分離生物学が注目されているが、着眼点は他にもある。その一つが、人工生命の創出である。新たな生命を造ることができれば、その過程で物質を生命たらしめるための条件がわかるのではないか、というわけだ。

人工生命と言えば、2010年5月にサイエンス誌にお披露目されたJCVI-syn1.0がまず思い浮かぶ[1]。その1ミクロンほどの団子のような塊は、クレイグ・ベンター研究所で15年の歳月をかけて作り上げられた、完全に化学合成されたゲノムで再起動させられた細胞であった。その後さらに、このゲノムに徹底的に手が入れられ、自然界に存在するどの生物よりも小さなゲノムサイズでありながら、より安定に増殖できるJCVI-syn3Aが2021年に誕生している[2]。

ベンターとＤＮＡシークエンス技術

生物が持つすべてのＤＮＡ配列の情報をゲノムという。もともとは「遺伝子（gene）のすべて（ome）」という意味の造語であった。しかし、ヒトのＤＮＡ配列などは98％が遺伝子ではない領域であることから、現在では遺伝子に限定せずに「すべてのＤＮＡ配列の情報」という意味で「ゲノム」という用語が使われることが多い。

クレイグ・ベンターは著名なゲノム科学者であり、合成生物学者である。ベンターが世界で初となる生物のゲノム解読を報告したのは１９９５年のことで、それは１８３万１３７塩基対からなるインフルエンザ菌だった。(3) このころはまだサンガー法という酵素を用いた手間のかかる分析法しかなく、１塩基ずつ読んでいた時代だった。

そしてそのころすでに、制限酵素の発見でノーベル賞を受賞したハミルトン・スミスと、ＤＮＡシークエンス技術の開発で最初期から顕著な功績のあるクライド・ハッチソンが、ベンターと最小のゲノムサイズで生きる細胞をどうしたら作れるのかを議論していたという。移動手段が馬と船しかない時代の人たちが、月に行くためのロケットの開発を目指していたようなものであり、驚くべき先見の明である。

ヒトのゲノムは３０・５億塩基からなる。遺伝子より何桁も多いゲノムを読み切るためには、ナノテクを駆使した新しいＤＮＡシークエンサーの開発が不可欠であり、分析のためのマンパワーも必要だった。生命科学が巨大プロジェクト化したのはこのヒトゲノム計画の時代からであった。

最初にヒトゲノムの全容が報告されたのは、2001年2月のことだった。国際的ヒトゲノムプロジェクトのチームと、[4]ベンター率いるセレラ・ジェノミクス社が[5]それぞれネイチャー誌とサイエンス誌に分厚い特集号を組み、それらが一般書店に平積みされて売られていた。私も当時、私たち人類の設計図が入っているとされるこの1冊を購入し、付属のCD－ROMに入っている情報を眺めたりしたのをよく覚えている。

ヒトゲノム計画は、白熱する解析競争の末に、2003年に終了が告げられた。しかし、完全なヒトゲノムが論文として正式に報告されたのは、実に2022年のことだった。[6]残り8％の解読に長い年月がかかったためである。

DNA配列を解読するためのいわゆる次世代DNAシークエンサーは、短いDNA配列を重複して多量に読み、その配列をコンピュータによってつなぎあわせる方法を採用してきた。この方法では、約1000塩基以上を一度に読むことができない。そのため、類似した配列が重複しているような領域は、断片同士の部分的な一致から繋がり方を特定することができず、解読できないのである。残された8％は、まさのその「繰り返しが多い領域」だった。その後、精度は低いが100万塩基もの長いDNAを一挙に読む技術がナノポア社によって開発され、精度の高いDNAシークエンス技術を組み合わせることで、ようやくヒトゲノムの全長が明らかになった。

さらにベンターのチームは、細胞内だけでなく、海水や大気中の微生物やウイルス由来のDNA配列を読むという、いわゆるメタゲノム技術の開発も進めていった。たとえば、バミューダ海域の海水

200リットルから120万個もの遺伝子を回収した成果が報告されている。[7] ヒトの遺伝子数が2万ちょっとだから、家の風呂桶ほどの海水に人の遺伝子数で数十人分に相当する生物の痕跡が存在することになる。

メタゲノム技術は、どの生物に由来するDNAなのかは問わずに、いわば地球そのものにあるすべてのDNA情報を集めようとする方法である。それまでは、ある微生物を調べるにはまず実験室で培養する方法を確立することが必須であり、培養した微生物からDNAを回収して調べていた。しかしこの技術によって、培養せずにDNAを解析することが可能になると、生きているが培養できない生物（Viable but nonculturable, VBNC）がたくさん存在していることが明らかになっていった。この「微生物ダークマター」の存在はすなわち、その環境にかつて生育していた生き物が死んだあと、その環境で棲息するためにふさわしいDNAをその場に残していることを意味する。

何が人工生命たりうるのか

ところで、人工生命とはいったいどんなものなのだろうか。そもそも生命がどのようなものかよくわからないのだから、何が人工的であれば人工生命になるのかも曖昧である。そのため、人工生命の研究にはいろいろなゴールがありえる。ベンターは、化学合成したゲノムによって細胞を再起動させることを目指した。つまり、パーツとしての遺伝子はそのまま現存の生物のものを利用し、細胞そのものも、地球にあふれている現存の生物のものを借りる。既存の遺伝子を組み合わせた新しいゲノムをデザインし、そのゲノムを化学合成し、別の細胞に導入することで、その人工のゲノムによって起動する生物を創出しようとするアプローチだ。

この研究が成立するためには、ゲノムを解読する技術だけでなく、次の三つの課題をクリアする必要があった。まず、分子量が数億に上る巨大なゲノムを化学合成する技術の開発が必要である。さらに、その巨大分子を細胞内に導入する方法が必要となる。この二つが解決すれば、化学合成したゲノムで細胞を動かせる可能性があるだろう。だが、こうして作った生物が自然界のものと区別がつかないのでは面白くない。そこで三つ目の課題として、できるだけ小さなゲノムをデザインし、最小ゲノムで細胞を動かすことを目指した。

巨大分子を合成する

DNAはグアニン（G）、シトシン（C）、アデニン（A）、チミン（T）の4種類のヌクレオチド構造が連なった構造を持つ。ひとつのヌクレオチドは、分子量が300以上もある分子である。GCATのどれかが30・5億塩基並んだものを、私たちの全身の細胞が持っている。これがヒトの設計図である。正確には、ヒトのゲノムは約30・5億塩基対がひとつの化合物としてつながっているのではなく、44本の常染色体と2本の性染色体からなる。もっとも大きなヒト1番染色体で約2・5億塩基からなるが、これでも相当なサイズだ。

原核生物の大腸菌のゲノムでも4000万塩基もあるのだから、通常の化合物と比較するととてつもなく大きな分子である。この巨大なDNAを順番に組み立てていくにはどうすればいいか。ベンターらはまず、1000塩基ほどのDNAを化学合成した。この程度のサイズであれば今では自動的に合成できるが、一部にどうしても合成ミスが入るので、この段階でまず修正する。DNAの合成の精度はきわめて重要である。たった一つの塩基にエラーが入っただけでも、私たちは病気になることもあるのだから。そして、合成したDNAを試験管内でつないで7000塩基ほどのサイズにし、これを大腸菌に導入して多量に合成させた。この段階でもデバッグをして正しい配列に修正をして、今度は酵母に導入して結合させる。

このような地味な実験を繰り返した末に、2008年、ベンターらはマイコプラズマ・ジェニタリウムのゲノムである58万塩基の合成に成功した(8)。この合成されたマイコプラズマのDNAは、完全に意図された通りに作られている化合物としては、当然ながら、人類史上最大である。

なお、真核生物のゲノムの合成も、酵母の第3染色体を皮切りに進められている(9)。私たち自身も研究対象であり、2016年にヒトゲノム合成プロジェクトが宣言された(10)。ただし、さすがにこの研究は研究費がかさみすぎたようで、現在では免疫性のある細胞にターゲットを絞ったテーマにスケールダウンしている。

巨大DNAの移植

このような巨大分子を合成できたとして、いったいどうすれば細胞に移植できるのだろうか。これも実は難しい課題である。物理的にではなく、生物学的に難しいのだ。細胞は、ウイルスなどの外来ＤＮＡに対する防御機構が高度に発達しているため、ＤＮＡをただ無計画に細胞内に入れてみても、細胞内にあるヌクレアーゼによって分解されてしまう。そのため、異物だと認識されないようにＤＮＡを化学修飾しておいたり、またはＤＮＡを分解するヌクレアーゼを不活性化しておいたりするなどの対策が必要となるのだ。

最初の「ゲノム移植」が成功したのは２００７年のことであった。[11] マイコプラズマ・カプリコムの細胞にあるゲノムを破壊したあと、この細胞の殻にマイコプラズマ・ミコイデスのゲノムを導入した。その結果、導入した新しいゲノムから遺伝子が発現し、まるで乗っ取られたかのように新しいゲノムによって動き出したのである。いわば、マウスの細胞にヒトゲノムを入れたらその細胞がヒトの細胞になったようなものである。

こうして、ゲノム合成とゲノム移植の技術が完成し、化学合成したゲノムで再起動した細胞はJCVI-syn1.0と名付けられた。[1] この成果には賛否あるが、化学合成したゲノムで生物が動いたことで、生物には「生気」のような得体の知れないものは宿っていないことが明確に証明できたことになる。その証明のために、15年の年月と４０００万ドルの研究費と、途方に暮れるほどの工数の実験が必要になった。

現存する生物はすべて、進化の末に生き残ってきたものである。偶然による変異がひとつずつ蓄積し、そしてそれに対応する表現型が変わり、うまく適応できたものが生き残るという、自然淘汰の仕組みによって38億年かけて進化してきた。だが、このゲノム移植の成果を見てみると、細胞は一挙に多くの遺伝子によって乗っ取られるようなことも起こるのだろうと想像できる。生存している生物よりもはるかに多いVBNCが存在する事実から考えても、生きものとはいったいどういう単位で理解できるものなのか、または互いにどの程度つながっていると理解すればいいのか、考えさせられる結果である。かつて流行したガイア仮説のように、数千万種にのぼると言われる多様な生物は、実はそれほど分離した存在ではないのかもしれない。

最小ゲノムデザイン

さて、生物に最低限必要な遺伝子の数はどのくらいなのだろうか？　こういう数字は多くても少なくても興味深いものである。そして、最初の見当は当たらないことが多い。ゲノム計画がスタートしたころ、1815遺伝子からなるインフルエンザ菌と、525遺伝子からなるマイコプラズマ・ジェニタリウムを比較し、おそらく250個程度の遺伝子で細胞は生きることが可能だろうと推測されていた時期があった。しかし実際はもっと多くの遺伝子が必要であることが実験によって明らかになっていった。

ベンターらは「設計・構築・試験サイクル」と名づけた方法で、細胞の増殖に必要な遺伝子の組み合わせを片っ端から調べていった。つまり、遺伝子を削っては細胞が増えるかどうかを確かめるという過程をひたすら繰り返したのである。この途方に暮れるような試行錯誤の実験を進めるためには、細胞が増殖する培養時間が鍵になる。もっとも小さなゲノムサイズを持つ天然の生物はマイコプラズマ・ジェニタリウム（推定525遺伝子）だが、この生物は分裂に16時間が必要となる。一方、マイコプラズマ・ミコイデス（推定901遺伝子）は、ジェニタリウムと比べてゲノムサイズが2倍近く大きいにもかかわらず、1時間で分裂することができる。そこで、ミコイデスのゲノムをもとに、最小ゲノムの探索が進められた。

バージョンアップが繰り返され、最終的に438種類のタンパク質と35種類のRNAをコードする473個の遺伝子が53万塩基対のDNAに書き込まれたものが、生きるために必要な最小ゲノムであることがわかった。このゲノムで起動した細胞はJCVI-syn3.0と名付けられた[12]。この新たにデザインしたゲノムを細胞に入れると、タンパク質の発現パターンが変化し、分裂するころには新しいゲノムによって制御される新しい細胞に生まれ変わる。これはもはや人工生命だと言っていいのだろう。

JCVI-syn3.0の遺伝子のセットを見てみると、細胞が生存し増殖するために必要な、転写や翻訳に関わる遺伝子などはほとんどそのまま残されているが、代謝に関するいくつかの遺伝子や、感染の防御のために働く制限酵素などの遺伝子は削除されている。そのためこの生物は、温度や栄養などが完全に管理された培養槽でなら、生存し増殖することができる。「最小の遺伝子で生きる」ことを追求した結果、JCVI-syn3.0は環境への適応能力を著しく欠いている生物に進化したと言えるだろう。初期の生物もそんなものだったのだろうか。

一方で、残された遺伝子の実に149個は機能がわからないという。現代の科学でもわからない1

49個の遺伝子が入っていなければ、この人工生命は生きることができないのだ。この事実は、いったい何を物語っているのだろうか？

増殖を正常化する七つの遺伝子

JCVI-syn3.0は合成生物学のプラットフォームとしての価値が高く、作られてからたった5年で論文が2000回以上も引用された。その間にこの人工生命の特徴も明らかにされていき、この細胞分裂がうまく進まないことがわかった。そこでさらに改良され、2021年には七つの遺伝子を加えられ、安定して増殖するタイプが作出された。[2] この過程でも、遺伝子を加えてみて増殖能力の変化を見るという「設計・構築・試験サイクル」でひとつずつ実験的に調べられた。

ここで加えられた遺伝子のうち二つは、細胞骨格タンパク質FtsZと、FtsZのポリマー化を促進するSepFであった。いずれもバクテリアに広く保存されている細胞分裂に関連するタンパク質であり、これらが必要であることはある程度は予想できる。だが、残りの遺伝子の働きはまたしてもはっきりしないものだったのである。ひとつは加水分解酵素だが、何を基質とする酵素なのかが明らかではなく、残り四つはどうやら膜結合タンパク質らしいが、こちらもそれ以上の機能はよくわからないという。現在も、このような機能がわからない遺伝子が最小ゲノムの20％を占めている。遺伝子はそもそも、実験しやすい単位ではあっても、生命を生み出す機能単位ではないのだろうか？

人工生命を造ることができれば生命の条件がわかると思っていたのに、未解明部分を含んだまま人工生命ができてしまった。では、これらの未解明部分を理解できれば、生命についてわかるようになるのだろうか。なんだか、「生命とは何か」という問に限って考えれば、20世紀の分子生物学がたどってきた道に近づき、袋小路に入り込みつつあるような気がしなくもない。

先カンブリア紀の遺伝子

人工生命研究のアプローチはほかにも考えられる。たとえば、絶滅した太古の生物を復活させるというのはどうだろう。こう聞くと、多くの人がマイケル・クライトン原作の『ジュラシック・パーク』を思い浮かべるだろう。同作は遺伝子工学を駆使して恐竜を現代に再現したというフィクションであり、１９９３年にスピルバーグ監督によって映画化され、巨大な体軀を持つＴレックスや、俊敏で凶悪なラプトルの姿が世界中の映画館で上映された。大学生のころに見たリアルな映画のシーンを今も印象深く覚えている。

フィクションではなく現実にも、先カンブリア紀のタンパク質を復元したという科学的な報告がある。[13] ジュラシック・パークのように琥珀に埋もれた蚊の血液からタンパク質を回収したのではなく、ゲノム計画の成果と統計処理によって当時のタンパク質を推測し、組換え体として大腸菌に作らせたのである。

現存する生物は必ず共通の祖先を持つ。たとえば私たちヒトはチンパンジーやゴリラと共通の祖先を持っており、数百万年前にそれぞれ独自の種となって進化してきた。さらに離れた種同士、たとえばヒトとパン酵母も、やや想像しづらいが、同様に共通の祖先を持っている。何十億年ものはるか昔に、祖先の生物のゲノムDNAに突然変異が生じてそれぞれが独自の環境に適応し、それぞれが進化していき、現存するヒトとパン酵母に分かれてきたのである。つまり、現存する生物の遺伝子を読解すれば、共通の祖先の持つ遺伝子が推定できることになる。

進化学者のエリック・ゴーシェの研究チームは、このような系統分析を用いて、現存する16種類のバクテリアの持つ成長因子のタンパク質の一つを分析し、5億年前から35億年前に生きていたと思われる9種の祖先のタンパク質を推測した。そしてこの配列を持ったタンパク質を作ってみたのである。ところが、太古のタンパク質を実際に作ってみたのはいいのだが、それが本当に太古のタンパク質を再現しているのかを検証する方法がないことにゴーシェらは気づいた。そこで、祖先が持っていたタンパク質に熱を加えて立体構造を壊してみた。その結果、タンパク質の耐熱性は、古いものほど高いことがわかったのである。より古い時代ほど地球の温度が高いことは同位体元素の研究などでも明らかにされており、この地球の温度とタンパク質の耐熱性がぴったり重なったことが決め手となった。なかなかスケールの大きな検証法である。

生命を作り出す

人工生命に関するベンターの研究方針は明確である。彼は、生物物理学者が興味を持つタンパク質の構造や、生化学者が調べてきたタンパク質の個々の機能、遺伝学者が理解したい遺伝子の役割などはブラックボックスとして扱っている。メカニズムには踏み込まない。こういう方針に徹したからこそ、いち早く人工生命を作り出せたのだろう。JCVI-syn1.0のＤＮＡには、「自分で作れないものは、理解しているとは言えない」というファインマンの名言が密かに書き込まれている。この言葉になぞらえるなら、「理解していないまま、作れてしまった」ことになる。

本章では人工生命に迫る研究例をざっと紹介した。現在までに、最小サイズの合成ゲノムによる細胞の再起動が実現し、人工生命の最初期のプロトタイプが完成した。そして今では数億の数にのぼる遺伝情報がデータベースに登録されており、メタゲノムも進歩した。何十億年も前の祖先の遺伝子も推定でき、その遺伝子がコードするタンパク質も再現できる。真核ゲノムを再構築する研究もはじまっている。火星探査車キュリオシティにはＰＣＲ装置が積まれ、地球の外にある遺伝情報を回収しようというプロジェクトが動いたりもしている。こうして科学の現在の成果を見ていくと、人工生命を作るためのスターターキットはもう科学者の手元にあることがわかる。映画向きではないかもしれないが、シャーレの上にジュラシック・パークを再現できる日も近い。その日が来たとき、私たちは「ついに生命とは何かがわかった」と思うのだろうか。それとも、まだ問い続けているのだろうか。

第13章　細胞内はなぜ高濃度か

細胞の中には高濃度の有機物が含まれている。7割が水であり、残りはタンパク質やアミノ酸、核酸、RNA、無機イオンなどがふんだんに含まれた、いわば濃厚な有機スープである。この濃厚スープはどのような状態なのか。それは単に雑多な有機物が混ざっただけのスープなのだろうか。本書はこのスープに焦点を合わせるための「相分離メガネ」を作ろうとしてきた。

あらためて考えてみたい。タンパク質は何百個ものアミノ酸がひとつも間違うことなく正確に合成されてできている。酵素などは固有の立体構造へとひとりでにフォールディングし、その形状は結晶になるほど均質である。そして私たちの身体を見てみれば、皮膚や骨や目や神経や胃袋などはすべて、人工的に作れるとは思えないほど精密にできている。そう考えると、中間のスケールにある細胞内の溶液も単なる濃厚な有機スープであるはずはなく、おそらく同じように精密にできているはずである。では、「精密な液体」とはいったい何か。それが実現する性能とはいったいなんだろうか。

たとえば、基本的な話として、細胞内と同じくらい有機物がたくさん含まれている一様な溶液の中でも、酵素は夾雑物のない水の中と同じように働けるのだろうか？　なんだか難しそうに思える。しかし、濃くなるほどただ非効率になっていくのではなく、両者のあいだに効率的になる濃さがあるとしたらどうだろう。モデル化されたきれいな水溶液の状態はむしろ酵素活性に悪影響があるのではないのだろうか？　代謝酵素などはそもそも、濃厚な細胞内で働き、進化してきたのだから。

モデル実験系を再考する

実験で酵素の活性を調べる際には、酵素や基質は精製したものを用意し、薄い緩衝液に入れて測定する。このような綺麗な条件であれば、「一つの酵素が1秒間にどのくらい反応を進めるのか」というような定量化ができるためである。モデル化は科学の定量化に不可欠であり、定量化された物理量が算出できて初めて相互の現象を比較することができる。これが実験の基本的な考え方である。

それでは、化学反応に関わらない、つまり酵素の活性とは関係がないと考えられる高分子や低分子、無機イオンなどを酵素溶液に加えたとき、酵素の活性に影響を及ぼさないのだろうか。このような実験を真面目にやってみたことがある。あるタンパク質分解酵素にポリマーを加えたところ、酵素のまわりにあるポリマーが相互作用しているように見えた。そして、酵素の活性が一桁増加したのである。(1)

酵素によって反応を起こす物質を「基質」というが、この基質とポリマー間の電荷の作用が活性化のカギであった。ポリマーがプラスの電荷を持つ場合、マイナスの電荷を持つ基質に対しては酵素の活性が増加するが、プラスの基質の場合には活性がほとんどなくなった。逆も同様で、ポリマーがマイナスの電荷を持つ場合には、プラスの電荷を持つ基質に対してのみ酵素の活性が上がったのである。これはおそらく、酵素の周りにポリマーが集まって相互作用し、そのポリマーによってプラスやマイナスの場ができることで、そこに反対の電荷を持った基質が集まりやすくなり、酵素と基質が出会いやすくなったのだと考えられる。

また、無機塩の硫酸ナトリウムを入れるだけでも、タンパク質分解酵素の活性が高くなった[2]。硫酸イオンはコスモトロープと呼ばれ、酵素の立体構造を安定化することが知られており、このために活性が上がったのだろう。一方でチオシアン酸ナトリウムなどを加えると酵素活性が低下した。こちらはカオトロープと呼ばれ、酵素の立体構造を壊す働きがある。分光学的な手法で調べた限りでは酵素の立体構造に変化がないように見えるので、活性中心の構造がわずかに変わることで活性が低下したのだろう。いろいろな種類の1・5Mの無機塩を追加して比較したところ、この酵素の活性は最大と最小の場合で実に100倍も変化した。そして興味深いことに、無機塩ではなく低分子の有機化合物を加えても同様に酵素の活性化効果が見られることがある。たとえば、アミン化合物であるスペルミジンやスペルミンなどを加えると、活性が数倍に増加する[3]。そして、これらは細胞内にも多く含まれている、いわばありふれた分子なのである。

つまり、細胞内にありふれている分子は、そこに存在していることで酵素と基質が相互作用しやすくなるだけでなく、酵素の立体構造にも影響して、活性を大きく変化させているのである。

もちろん、これらの「ありふれた分子」がただ細胞内でごちゃまぜになっているだけであれば、試験管に特定の分子だけを添加した場合とは異なり、大した影響を及ぼさないだろう。しかし、もし細胞が特定の分子を自身の内部で偏在させることができるのなら、話は別である。

メタボロン仮説の現在

では、複数の酵素反応が連続的に進むケースを考えてみたい。本書で述べてきた通り、タンパク質の基本的な性質として、1種類のタンパク質だけが溶けている場合には水溶液中に分散するが、複数種類のタンパク質や酵素、RNAなどの有機物質が含まれていれば液‐液相分離によってドロプレットを形成しやすい。酵素がドロプレットを形成し、仮に複数の種類の酵素がそこに含まれているとすると、分散している場合よりも一連の反応が効率的に進みやすくなるだろう。

細胞内で代謝酵素が集合したものをメタボロンという（第1章）。細胞内にある代謝酵素に対しては、メタボロンの形成と分解を通して、連続的な反応の促進や、分岐的な反応の制御、不必要な反応の抑制が行われている可能性が高い。これは半世紀前には推測されていたが、直接観察することがかなり難しかった。しかし最近になり、1分子蛍光顕微鏡や質量分析などの計測技術の発達と、相分離生物学によるパラダイムシフトが重なり、研究が一挙に進展してきている。

もっとも研究が進んでいるメタボロンとしてグリコリティック体（G体）がある。これは細胞を低酸素の状態にすると細胞内に観察される顆粒である。[4] 細胞に酸素が不足すると、通常の酸化的リン酸化経路でＡＴＰを合成できなくなるため、代わりにグルコースを分解する解糖系の代謝酵素を活性化する必要がある。そのために代謝経路の上流にある解糖系の酵素がメタボロンを形成し効率化を図るというのが、機能から推測できる説明になる。Ｇ体の構成成分を調べてみるとＲＮＡも含まれており、またヘキサンジオールで溶解するため、ドロプレットの性質を持つと考えられる(5)。

なお、Ｇ体はガン化した肝臓の細胞にも見られる(6)。ガン細胞の増殖に必要となるエネルギーを得るために、グルコースを分解する経路によって多量のＡＴＰを作り出しているのだろう。もしくは逆に、過剰なエネルギーを得てしまうため、行き場のなくなったエネルギーによって余剰の物質を合成し、その結果、ガン細胞が増殖するのかもしれない。

低酸素になるとなぜＧ体が形成されるのかについての、物理化学的なメカニズムはわかっていない。ただし、酸素の濃度が下がるとＧ体を形成する酵素群の溶け方が変化し、その結果ドロプレットを形成するようになるというシンプルなしくみが考えられる。または、酸素の濃度が下がることで酸素を基質とする酵素の働きが弱まり、その酵素が作る生成物の欠乏によりドロプレットの形成が促されるなどの間接的な要因が隠されているかもしれない。このようなメカニズムがわかれば、ガンの薬の開発に役立つ新しい知見が得られる。

これまでに実際に観察されたメタボロンとして、他には、アスパラギン合成酵素群(7)や、プリン合成酵素群(8)、ＣＴＰ合成酵素群(9)などがある。この分野を牽引する研究者のひとり、マックス・プランク研究所のアリスダー・ファーニーらの最近の総説によれば、メタボロンの研究対象は哺乳類の培養細胞や酵母に限らず、植物や大腸菌、超好熱性アーキアにまでおよんでおり、真正細菌から動植物にまで広くメタボロンが存在しているという[10]。酵素は水溶液に分散して単独で働くようにはできていない。第三成分と相互作用したり、ドロプレットを形成したりして働くのが酵素の本来の姿なのである。自身の状態を自在に変化させる液体は、酵素や身体に劣らず精密にできていると言えないだろうか。

メタボロンの老化

解糖系は、グルコースを分解し、エネルギーを運ぶＡＴＰを合成する酵素群である（第1章）。その過程を細かく見てみると、グルコースがすぐに分解されていくのではなく、最初にグルコースにリン酸基をつけてエネルギー状態の高い物質を合成してから分解をはじめている。そしてこの解糖系の中でもっともエネルギー準位の高い（反応に高いエネルギーを必要とする）反応中間体として、フルクトース1，6－ビスリン酸がある。この物質を合成する酵素ホスホフルクトキナーゼ（ＰＦＫ）の反応速度が、一連の反応速度を決める、律速になっている。

エール大学のコロン・ラモスらの研究チームは、細胞内でのＰＦＫの局在を超高解像度顕微鏡で調べた結果を報告している[11]。線虫の細胞を低酸素状態にして酸化的リン酸化経路の働きを抑制した上でＰＦＫを観察すると、ドロプレットを形成することが直接観察できたという。このドロプレットにはＰＦＫによる反応の次の反応に関わる酵素であるアルドラーゼも含まれているので、メタボロンとして連続的な反応を促進しているのだろう。なお、酸素濃度を正常に戻すとドロプレットもなくなるため、まさに低酸素に応答して一時的に形成され、解糖系酵素を活性化していると考えられる。

ヒトのPFKは試験管内では4個で一組の「4量体」を形成して機能する。このような対称性を持ったタンパク質は集合しやすい性質がある[12]。酵素の中には、ドロプレットの形成に重要な役割を担う天然変性領域を持たないものも意外とあるのだが、それでもドロプレットを形成できるのはこの対称性が関係するのだろう。ちなみに酵素は、アミノ酸の鎖の部分部分が静電的に引きあうことで、フォールディングして固有の立体構造を形成しているものが多い。完成した酵素は安定して溶けていることができるが、ひとたび立体構造が壊れてしまうと、内部の電気的に偏った部分がむき出しになり、周辺のタンパク質と不可逆な凝集をひきおこしてしまう。このようなメタロボロンの「老化」は、PFKの形成するドロプレットでも観察されている。

流動性のあるドロプレットから、流動性を失い、いわば老化してしまう方向への状態変化は、酵素が形成するドロプレットの特徴である。つまり、長い時間メタボロンを形成していると酵素の立体構造が壊れやすくなるため、凝集体が増えていくとともに活性も失われてしまうのだ。ただし、メタボロンが活発に動いている間はATPが合成されるので、ATPの持つ「ハイドロトロープ」としての性質によって疎水性相互作用が弱められ[13]、メタボロンの流動性も保たれやすいと推測できる（第5章）。このように、水溶液中での酵素は、分散したりドロプレットを形成したり、または立体構造が壊れて凝集しやすくなったりするというふうに、局所的な溶液物性が刻々と変化することによって機能の制御が行われているのである。

代謝マップの線路の正体

解糖系の酵素が相互作用していることは、免疫沈降や電気泳動などの生化学の古典的な実験によってすでに20年以上前から推測されていた。最近、解糖系の酵素群がミトコンドリア外膜の近くでメタボロンを形成しているようすを、ドイツのマックスプランク研究所のアリスダー・ファーニーの研究チームが超高感度の蛍光顕微鏡を用いて直接観察することに成功している[14]。このメタボロンはミトコンドリアのイオンチャネルだけでなく、葉緑体にあるトリオースリン酸トランスロケーターとも相互作用していることを突き止めている。すなわち、細胞質にある解糖系の酵素がメタボロンを形成しているだけでなく、ミトコンドリアと葉緑体とをつなぎ、基質を効率的に受け渡していたのである。第1章で見た代謝マップの線路は、こんなふうに実装されていたのだ。

酵素は細胞内に分散し、それぞれが単独で働いているのではない。特定の基質があるとき、酵素はメタボロンを形成して連続的な反応を促進するとともに、そこで作られた生成物やエネルギー物質がオルガネラをつなぐ働きもこなしている。メタボロン全体の活性は自身の生産物によって保たれ、基質がなくなり不要になると分散したり分解システムが働いたりする。このように、物質が溶ける・集まるという現象から、生きた状態がありありとイメージできるようになってきているのである。

走化性とメタボロン

物質は一般に、エントロピー増大の法則によって拡散しようとする。それに打ち勝ってメタボロンのような集合状態になり、さらにそれを特定の場所に局在させるためには、何らかの仕組みが必要である。本書では、物質が集合するメカニズムの一つとして液 - 液相分離という現象があるという見方を扱ってきた。水と油が分離することと同じメカニズムによってタンパク質はドロプレットを形成し、代謝酵素はメタボロンを形成する。

拡散の方向性に関する現象の一つに「走化性」がある。走化性とは、細菌や精子などの生物体が、まわりにある物質の濃度に応答して動く性質のことをいう。この走化性を示す酵素がいくつか知られている。たとえば、酵素の走化性に関する最初期の報告例に、RNAを合成する酵素であるRNAポリメラーゼがある。[15] DNAに結合したRNAポリメラーゼは、DNAに沿って基質となるヌクレオチドの濃度が高い方向に動くという。まるでレールの上の電車のようだ。

DNAのレールがなくても基質の方向に泳ぐ酵素もある。[16] 尿素を分解する酵素、ウレアーゼはその一つである。ウレアーゼによる基質の分解は発熱反応なので、酵素の片側が熱くなり、まるでモーターのように働き、基質のある側へと酵素が動くのである。[17] 解糖系の酵素でもこのような走化性を示す性質について実験的に調べられている。

グルコースからはじまる解糖系の4酵素が、走化性によって集合するかどうかを調べた報告がある。[18]

マイクロフルイディクス装置を用いて、流路の中央部にグルコースを流し、外側に酵素を流すと、酵素が中央部に集まりやすくなるのである。このように、酵素などの物質が空間的に移動すれば、その場所での溶けやすさも変化するため、ドロプレットの形成にも影響を及ぼす。酵素のこのような運動性も、メタボロンの形成に一定の役割を担っているのだろう。

メタボロンの証明法

メタボロンの直接的な計測は、最近の超高解像度の蛍光顕微鏡が決定的な役割を担ってきた。タンパク質1分子を観察することができるこの蛍光顕微鏡は、２０１４年のノーベル化学賞にもなった。また、メタボロンを検出する他の方法に質量分析法がある。質量分析法は、２００２年に田中耕一氏にノーベル化学賞が授与された際にメディアでも広く話題になったが、その後も多様な応用研究が進められ、生命科学の研究に欠かせない計測法になっている。現在では空間分解能もかなり向上しており、細胞の特定の場所にあるタンパク質を検出できるまでになった。たとえば、最新の質量分析法を用いたメタボロンの成果のひとつに、プリン合成に関わる酵素集合体「プリノソーム」を実測した例がある。[19] 凍結したヒト培養細胞にレーザーを照射し、その場所にある物質を調べたというものだ。その結果、プリン合成に関わる一連の酵素が細胞内の同じ場所から検出されたのである。

メタボロンの検出にこれから重要な役割を担う手法に、近位依存性ビオチン標識法がある。[20] まず、注目するタンパク質に、反応性の高い分子を合成する酵素をつけておく。その結果、そのタンパク質の近くに存在するあらゆるタンパク質に合成された分子によってラベルがつけられる。その後、細胞をつぶしてラベルの付いたタンパク質を同定することで、注目するタンパク質の近くにどのようなタンパク質が存在していたのかが明らかになる。ラベルに寿命の短い酵素を使うことで、たとえばＢｉｏＩＤ法ではそのタンパク質から10ナノメートル以内に存在したものだけがラベル化される。質量分析法を用いた巧妙な方法と言える。ＢｉｏＩＤ法の他、ＡＰＥＸ法が有名である。

メタボロンの検出法としてこれから開発が期待されるのは、細胞を壊すことなく、また細胞内の分子に蛍光色素などでラベルすることなく可視化する方法である。それにはラマン分光法やテラヘルツ分光法などが最有力である。すでに、化学結合の振動を検出できる非線形誘導ラマン散乱を用いることで、細胞内のタンパク質を、蛍光顕微鏡に匹敵する78ナノメートルの分解能でイメージングすることに成功した例がある。[21] このような計測技術の開発によって、分子と生命とをつなぐ中間スケールの世界、相分離生物学の世界が広がりつつある。この領域で、おそらくいくつものノーベル賞が授与されることになるだろう。タンパク質の周辺を見る意義が理解されはじめたことで、そのためのさまざまな検出技術が考案されつつあるのだ。

ＲＮＡの役割

酵素などのタンパク質の遺伝情報は、ＤＮＡに保持されている。ＤＮＡに書かれている遺伝情報が、まずＲＮＡに転写され、その後にタンパク質へと翻訳される。このようなセントラルドグマの見方からするとＲＮＡは脇役にすぎず、あまり意味がなさそうに思える。しかし、なぜわざわざＲＮＡを介してタンパク質が作られるのだろうか？　もう少し踏みこんで言うと、RNAのない生命はありえるのだろうか？

RNAの存在意義の一つは、第4章で紹介した通り、細胞に熱を加えたときの応答にありそうだ。タンパク質は高温になると凝集する。タンパク質の凝集体が蓄積すると細胞は死ぬため、品質管理システムが動いて、タンパク質の凝集をふせぐシャペロンが発現したり、タンパク質を分解するためのプロテアソーム系が働いたりする。このように、応答の原因となるものが生じたあと、フィードバックがかかって制御されるのだが、実際にはこの応答だけでは手遅れになることもあるだろう。まずDNAから遺伝情報を転写して…と悠長なことをやっている間にタンパク質の凝集体が細胞内にできてしまえば、細胞は死ぬのだから。

環境の変化に対して鋭敏に応答するために、ストレス応答に関するタンパク質がmRNAとして細胞内にあらかじめ存在しており、ドロプレットを形成しているとしよう。そうすると、熱を受けるとまずドロプレットが溶け、タンパク質が凝集体を作る前にストレス応答に関するタンパク質が速やかに合成されるだろう。RNAのドロプレットができていることで、環境変化に対して予防的に応答が可能になるのである[22]。RNAレベルでの立体構造の変化が温度変化によるタンパク質の凝集よりも鋭敏であるという報告があるが[23]、これもまたタンパク質やRNAの状態変化が外部環境に応答している例である。

セントラルドグマの見方から考えると、RNAはタンパク質の遺伝情報をコピーするだけの脇役のような扱いだったが、それだけではなかった。ＲＮＡは、タンパク質の配列情報の他に、ドロプレットの形成のしやすさである相分離性もコードすることで、タンパク質として現れる機能を制御していたのである。タンパク質もドロプレットを形成することでオン・オフが制御されているが、その前のＲＮＡの段階でもドロプレットを形成して機能制御されている。その結果、環境の変化に鋭敏に応答でき、必要となるタンパク質を速やかに合成できるのである。ＲＮＡもタンパク質と同じように、分子があるかどうかだけではなく、さらにドロプレットを作っているかどうかなど、状態についても調べ、多層的に理解する必要があるだろう。

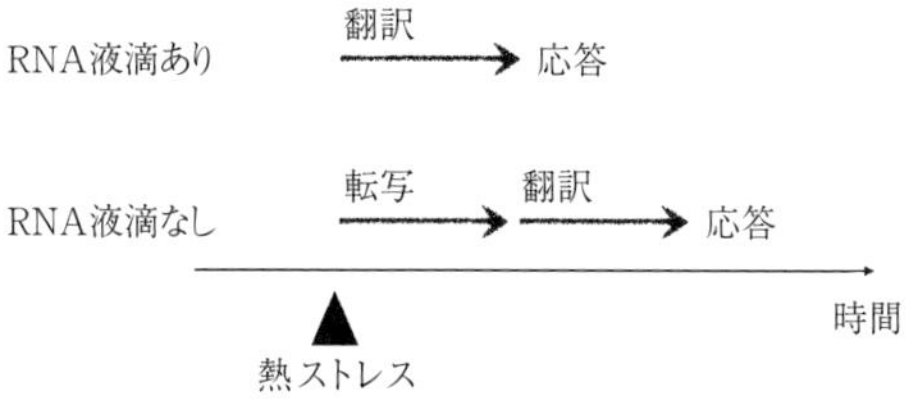

図 14　RNA 液滴がある場合の応答。もしストレスに応答するためのRNA がドロプレットを作っていれば、ストレスに対してドロプレットが溶解するだけで翻訳がはじまり、速やかに応答できる。一方、RNA がなく DNA に情報が書き込まれているだけだと、まず RNA への転写が必要となり、タイムラグが生じる。

メタボロンに見る生命と科学

酵素が混線せずに働くためには、メタボロンの形成により酵素を局在化させることが不可欠である。メタボロンを作るには、その環境は酵素の溶解度の限界に近い方がいい。すると、わずかな溶液状態の変化にも応答してメタボロンの形成や溶解が誘発され、必要な代謝経路が活性化され、または間接的に不要な代謝経路が抑制されることになる。細胞内にこれだけ高濃度の有機物があるのはこのためだ。もし、細胞内に溶解度の限界よりもかなり少ない量しかタンパク質やＲＮＡが溶けていないとしたら、わずかな変化に反応して液体の状態が変わったりはせず、それらは水中に分散し続けるだろう。これは試験管内でよく見る状態である。そのような薄い有機物に生命は宿らないのだ。

この液‐液相分離によるメタボロンの形成のメカニズムを、もう少し具体的に考えてみよう。そもそも酵素は細胞内で溶け切れるギリギリの量だけ存在している[24]。そこで何かの酵素反応が起こり、低分子や酵素自身の量が変化したり、ＡＴＰの濃度が局所的に変わったり、温度や酸素やｐＨなどの濃度が変われば、ドロプレットを形成して新しい定常状態になる。ドロプレットができれば反応が促進され、基質と生成物の濃度が変わるためにそのドロプレットが溶解したり、新たなドロプレットができたりもするだろう。このような「濃度むら」のある状態は、酵素自身の運動によっても影響を受ける。さらには環境変化をより早く感知するためにＲＮＡレベルでのフィードフォワード制御も行われている。細胞内の液体がこのような精密な機能を持ちうるのは、濃厚な有機スープであるからこそだ。一言でいうと、溶解度の縁で自己組織化が起こっているのである。

そしてこのような生きた状態を記述する法則は、実はモデル系ではすべて存在している。すなわち、転写・翻訳（分子生物学）、タンパク質フォールディング（生物物理学）、物質の溶解度（溶液化学）、液‐液相分離（溶液熱力学）、酵素反応（生化学）、力学的運動（ソフトマター物理学）である。生命を理解するには、これらすべてを統一的に見通すことが必要である。

第14章　生きている状態の新たな理解

細胞内にあるタンパク質の機能は、分子・構造・ドロプレットの三つのレベルで制御されている。分子や構造からタンパク質の機能を理解し、細胞がどのように生きた状態になっているのかを研究する視点については、20世紀後半から現代まで研究が進み、科学の中でも大成功を収めた分野となった。そして近年、新しく生命現象を理解するために持ち込まれた見方が、液－液相分離して形成されるドロプレットである。この視点を導入すると理解しやすい生命現象がたくさんあることを本書では紹介してきたが、最終章であと少しこのテーマを追ってみたい。

分子があれば働いているのか？

生物の持つ分子は複雑でユニークである。こんなに精密で多様なものをわざわざ作っているのだから、生命を生命たらしめる鍵はここにあるはずだ。そう考えてこの半世紀以上をかけ、研究者は分子

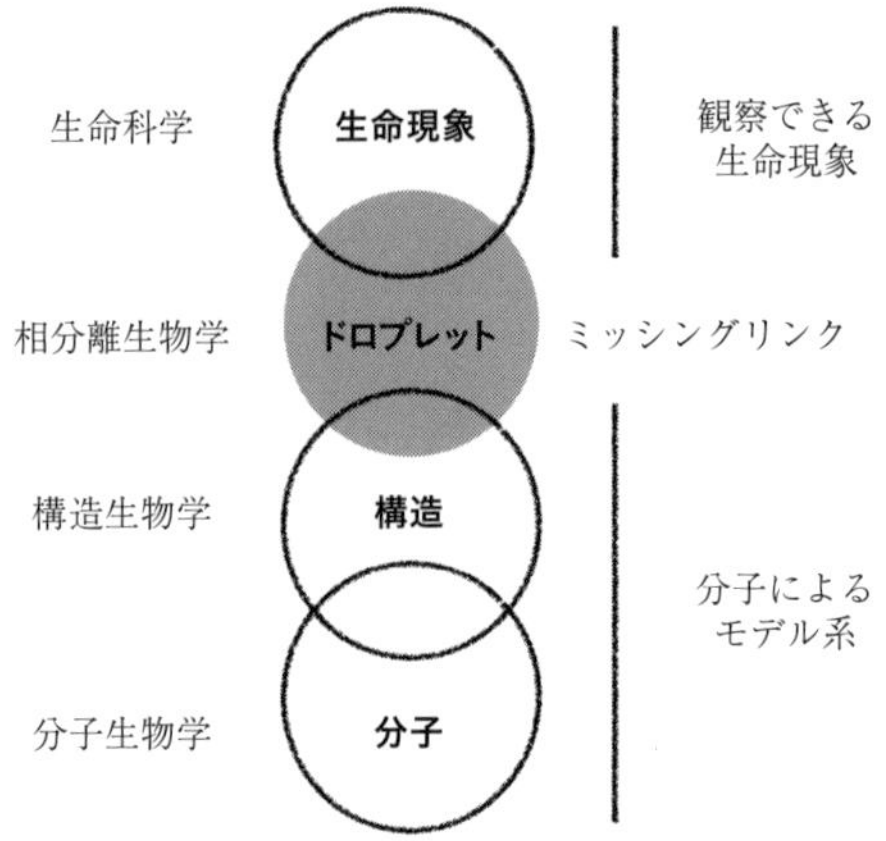

図 15　機能の制御。分子が合成され、立体構造を形成するとタンパク質は機能を得る。しかし、細胞内ではドロプレットの有無によって機能のオンとオフが決まる。このようなドロプレットの見方を導入することで、分子レベルでの見方がより高次の生命現象の理解に結びつく。

による生命現象の理解を深めてきた。ただしそれは、分子が存在していればその機能が発揮され、なければ機能が発現されないというシンプルな見方をベースにしたものである。一つ一つの分子に重点を置いて生命を考えるということは、ＤＮＡに保持されている遺伝情報からＲＮＡやタンパク質が合成され、それらが機能を担う、という分子生物学的な見方と言ってもよい。

分子がただそこにあるだけではなく、正しい形状をとっているときに機能すると考えるのが構造生物学である。酵素などは固有の立体構造へとフォールディングすることで機能できるようになる。そのため、立体構造の形成も機能の発現のスイッチになる。また、ある分子が結合したときに活性型の構造に変化するなどのアロステリックな制御も構造変化に関係する。

しかし、これだけでは生命の理解には至らない。分子がきちんと機能できる形になっていても、その機能がオフになっている場合と、オンになっている場合があるからだ。オンオフを決めるのは、分子を取り囲む「環境」である。

機能を「オフ」にするドロプレット

ｍＲＮＡはタンパク質のアミノ酸配列が書かれた分子である。たとえば、細胞内に緑色蛍光タンパク質（ＧＦＰ）をコードしているｍＲＮＡがあれば、このｍＲＮＡから情報が読み取られ、ＧＦＰが発現して細胞内は緑色に光る。このように、分子があれば機能するという見方がもっともシンプルであり、それで通用する場合も多い。しかし、ｍＲＮＡがドロプレットを形成しているとなると、そう単純ではない。このような分子の機能制御について、デューク大学のアシュトシュ・チルコティらの研究チームの成果をもとに考えてみたい(1)。

次のような実験が行われている。細胞サイズくらいの小さなウェル（容器）を準備し、その中にＧＦＰをコードするｍＲＮＡと、ｍＲＮＡからタンパク質を翻訳するために必要となるリボソームなどのタンパク質群を入れた。するとＧＦＰが合成されて容器の中が緑色の蛍光を発した。ここまでは予想どおりである。特定の分子があるので、その機能が発揮されるという形である。

この系に、高温になるとＲＮＡとドロプレットを形成するタンパク質を入れた。その結果、高温の場合はｍＲＮＡが存在するにもかかわらず緑色の蛍光が観察できなかった。ＧＦＰをコードしたｍＲＮＡがタンパク質とドロプレットを形成し、そこにリボソームなどの翻訳システムが入り込めなくなったからである。次に、温度を下げるとドロプレットが溶けてｍＲＮＡが機能できるようになり、緑色の蛍光が観察できた。

この結果をひとことでまとめると、ｍＲＮＡが存在していても、ドロプレットを形成していれば存在していないに等しいということである。この機能のスイッチングは、分子の有無や構造ではなく、ドロプレットの形成で決まる。ドロプレットは温度やｐＨなどがわずかに変わるだけで形成したり溶解したりするので、簡単に機能をスイッチできる。一方、ＲＮＡ分子の有無で機能を制御するとなれば、機能をオンにしたいときにＲＮＡ合成酵素でｍＲＮＡを合成したり、逆にオフにしたいときにはＲＮＡ分解酵素で分解したりするなど、さまざまな酵素が働く必要があり、時間もかかる。

このような結果を見ていると、分子の有無だけでは、機能を完全には推定できないことがわかるだろう。細胞をすりつぶしてみて、もしｍＲＮＡがあればそこにコードされているタンパク質も必ず発現して機能しているだろうと単純に推定することはできないのである。細胞内にあるトランスクリプトーム（転写産物全体）を調べても「その細胞がその時何をしているか」を調べることにはならない。それはいわば、よく使われる語彙の一覧を作っているだけである。そのときどのような組み合わせの言葉が実際に使われているのかを明らかにしなければ、文章の本当の意味はわからないのだ。

機能を「オン」にするドロプレット

逆に、ドロプレットの形成によって分子の機能がオンになるケースもありえる。自然免疫の研究例をもとに考えてみたい。ヒトの細胞にはＤＮＡがあるが、それは常に細胞核の中に収まっている。もし細胞質にDNAがあるとすれば、それはウイルスなどの感染が疑われる危険な状態なので、細胞は緊急に応答する必要がある。その手順は、まずcGASと呼ばれる酵素が活性化され、セカンドメッセンジャーと呼ばれる低分子が一挙に合成されて、次の応答がはじまるというものである。このcGASの活性化が相分離と関連することがテキサス大学サウスウエスタンメディカルセンターのジーチャン・チェンらの研究チームによって報告されている[2]。

火災が起きたときに消化器を作っていては間に合わないので、安全装置つきの消化器をあらかじめあちこちに置いておく。感染源に反応するcGASも同様で、酵素の合成には時間がかかるのであらかじめ細胞内にcGASを作っておく。この酵素はドロプレットを作らなければ活性がほとんどないので、次の応答を引き起こすことはない。しかし、感染のシグナルであるDNAが細胞質にあれば、DNAとcGASがドロプレットを形成し、それにともなってcGASが活性化し、次の応答へとシグナルを伝えることができる。消化器のように常備され、火災（感染源）がスイッチとなって安全装置が外れると（ドロプレットを形成）、即座にセカンドメッセンジャーを合成しはじめるわけである。

次の段階のセカンドメッセンジャーの合成にもこのドロプレットが活用される。興味深いことに、チェンらの研究チームは、DNAが長いほどcGASはドロプレットを形成しやすくなり、同時にその活性が何桁も増加することも明らかにしている。すなわち、感染源として疑わしい長い二本鎖DNAがあれば、cGASはDNAとドロプレットを作り、そうすることで第2章で紹介したメタボロンの「加速装置」のように活性化し、セカンドメッセンジャーが速やかに多量に合成されて次の応答フェーズに移行するのである。ドロプレットの有無を利用して反応を加速する、実に巧妙なメカニズムである。

「免疫の応答と相分離」はいま研究がもっとも盛んな分野のひとつである。[3]セカンドメッセンジャーを合成するcGASの他に、免疫として働く抗体を作るT細胞やB細胞の受容体も、ドロプレットの形成が機能の制御に関わっていることが次々に明らかにされてきている。アレルギーのような過敏な免疫応答も、おそらくドロプレットの形成のしやすさによって説明できるようになるだろう。

アレルギーの発症について、コップから水が溢れるたとえが使われることがある。ある閾値を超えると突然発症するという考え方である。このようなわずかなバランスの違いで定常状態が移行するような現象は、ドロプレットの形成によって説明できるのだろう。たとえば、急激なアレルギー反応が起きる際には、DNAから酵素を合成する正常な細胞応答のプロセスをたどるのではなく、すでに細胞内でドロプレットを形成している休眠中の酵素がいっせいに誤動作することで急速に進むのかもしれない。

長期記憶のメカニズム

タンパク質やRNAは、細胞内で合成されたあと、せいぜい数時間から数日で分解されてしまう。一方、脳の長期記憶はそれよりはるかに長いあいだ持続する。つまり、記憶情報とともに何かが長く維持されているはずだが、それはどんどん交代していく分子ではなさそうである。では、どういう仕組みがあるのだろうか？　記憶もまた、分子の有無だけではなく状態の維持に関する現象であり、タンパク質の集合物が関連するだろうと予想できる。

記憶に関連するタンパク質分子の探索は1980年代ごろから盛んに行われている。その過程でカルパインと呼ばれるタンパク質が記憶に関する中心的な役割を果たしている分子であることがわかり、生化学や分子生物学による記憶の研究がはじまった。[4]その後、カルパインの活性化のメカニズムや細胞骨格との関わりなどが明らかにされてきたが、[5]長期記憶のような特定の状態がどのような仕組みで長時間続くのかは、依然としてわからなかった。

米国ストワーズ研究所のカウシク・シーらの研究チームは、アメフラシの持つタンパク質CPEBに着目し、意外性のある仮説を提唱している。それは、ニューロンに存在するCPEBはアミロイドを形成しやすいドメインを持ち、これが長期記憶と関係するという仮説である。[6]CPEBのアミロイドの形成をふせぐ抗体を投与すると、確かに長期記憶が失われるので、[7]タンパク質の集合状態こそが記憶なのだと推測できる。

この現象が他の生物にも見られるのかを調べるため、300万匹ものショウジョウバエから同種のタンパク質Orb2を調製し、クライオ電子顕微鏡で立体構造を解析するという大変な実験が行われている。その結果、確かに精製したOrb2にはアミロイドのような集合体が含まれていたのである。[8]興味深いことに、このアミロイド構造はアルツハイマー病の原因になるとされるアミロイドβペプチドの凝集構造ときわめて類似していた。Orb2のアミロイドは記憶を保持するために役立つが、アミロイドβは記憶を喪失する認知症に関わる。両者は類似した構造を形成しているにもかかわらず、なぜ正反対の働きを示すのだろうか?

原子レベルの分解能で明らかにされた立体構造を詳しく見てみると、Ｏｒｂ2のアミロイドは約30残基がコアとなって線維を形成し、この線維が3本寄り集まった構造を持っていた。この構造は42残基からなるとされるアミロイドβの作る線維構造ときわめて類似していた。しかし、Ｏｒｂ2は７０4残基からなる大きなタンパク質なので、硬いアミロイド線維のまわりに残りの部分が広がり、他の分子とともにドロプレットを作っていることがわかった。つまり、アミロイドが足場となって、ドロプレットによって作られる反応場を固定していたのである。

三次元的に自由に動き回れる分子が集まりドロプレットを作るのではなく、このような足場があるのは、機能を局所化する場合には理にかなった構造である。しかもアミロイドは、タンパク質の集合状態の中でもっとも安定な構造で、細胞内のプロテアーゼによって分解されることもない。そのため、ここに特定のｍＲＮＡやタンパク質とドロプレットを作って保持していることで、長期間にわたり神経細胞が同じ応答をできるのではないだろうか。

神経細胞の中にある特定のタンパク質はアミロイドを作りやすい。その結果、長期記憶を維持するための分子的な足場を作ることができるが、同時にアミロイドの凝集体が過剰にできてしまうと細胞を殺してしまうため、アルツハイマー病やパーキンソン病、筋萎縮性側索硬化症など、多くの神経変性疾患の原因にもなる。記憶するための分子が、記憶を失わせる分子にもなってしまうのである。

植物と相分離

植物の種子は、乾燥や高温や凍結などにも長時間耐えることができる一方で、水があれば芽吹くことができる。種子の内部はいわゆるガラス状と呼ばれる硬い状態になっている。休眠から発芽に切り替わるとき、どのようなメカニズムが働くのだろうか？　ここにもドロプレットの形成が関係していると推測できる。

シロイヌナズナの種からは449種類のタンパク質が検出されている。このうちFLOE1と呼ばれるタンパク質のドロプレットの形成について、スタンフォード大学などの研究チームが興味深い振る舞いを報告している(9)。このタンパク質は機能がわかっていなかったが、乾燥した種子の中に多く含まれることが知られていた。種子が形成されるときにはFLOE1はドロプレットを形成しているが、種子として完成し、乾燥状態になるとそのドロプレットはなくなった。ここでふたたび水を与えると、FLOE1がドロプレットを形成し、これが引き金となって発芽がスタートしたのである。面白いことに、FLOE1のドロプレットの形成のしやすさは生物種で違いがみられ、それぞれの種に適切な雨量のときに発芽するなど、環境への適応に役立っているようである。この発見をもとに、FLOE1の相分離性をコントロールすれば、干ばつに強い作物の作成などにも応用できるかもしれない。

植物の種子の発芽のように、水分の量がドロプレットの形成と溶解に関係する場合はわかりやすい。では、気温はどのように感知しているだろうか？　これもドロプレットが関係していることがわかりはじめている。

シロイヌナズナのＥＬＦ３というタンパク質は、高温になるとドロプレットを形成しやすい性質がある。[10] ＥＬＦ３は細胞のシグナル伝達のハブとして機能するタンパク質である。そのため、ＥＬＦ３に遺伝子操作をほどこしてドロプレットの形成のしやすさを変えると、予想どおり胚軸などの成長速度が変化した。なおシロイヌナズナの類縁種にもＥＬＦ３が見られるが、それぞれの配列の違いに応じてドロプレットを形成する温度も異なっていた。環境に適応するために、タンパク質の相分離性が進化してきたことを意味する。酵素としての機能はそのままに、そのスイッチが切り替わる条件が相分離性の違いによって調節されているわけだ。

オーキシンは植物の成長を促すホルモンである。オーキシンによって遺伝子が発現し、成長が進むのだが、その際に「ＡＲＦ（オーキシン応答因子）」が標的遺伝子の発現を活性化することが知られている。ＡＲＦは、成長が著しい根の先端では核内に存在して転写を促進しているが、成長が止まった組織では細胞質でドロプレットを作り不活性化されているという。[11] ホルモンによる活性化もまた、ドロプレットの形成による典型的なメカニズムに従うのである。環境に応答して細胞内の機能が刻々と変化するとき、必ずドロプレットの形成が関わっていると考えてよい。光を受けて形成するダイシングボディや、[12] 開花の促す働きがあるＦＣＡタンパク質なども[13] その典型である。

二酸化炭素を固定するＲｕｂｉｓＣＯも、ドロプレットを形成していることが最初にクラミドモナスの研究で発見されている。[14] ＲｕｂｉｓＣＯは二酸化炭素の濃度が低くなると、ピレノイドという細胞内の大きなドロップレットの中に集まるようになり、同時に二酸化炭素の濃縮機構が働きはじめる。このとき、ＲｕｂｉｓＣＯは天然変性タンパク質ＥＰＹＣ１とドロップレットを作ることで集積しており、この性質は試験管内でもきれいな再現実験が得られている。[15] このような基質と酵素との集積は、メタボロンによる酵素の活性化のメカニズムを彷彿とさせる。

ＲｕｂｉｓＣＯのように５００キロダルトン以上もある巨大な酵素が、小さな天然変性タンパク質とペアになってドロップレットを作り、気体である二酸化炭素をうまく取り込み、有機物に結合させる仕組みに活用している。しかもＲｕｂｉｓＣＯとＥＰＹＣ１で由来する植物の種が異なる場合は、ドロップレットを形成しないのである。つまり、この二つのタンパク質は、ドロップレットを作って炭素固定の効率を高めるように種ごとに共進化してきたことを意味する。もしＲｕｂｉｓＣＯに突然変異が起こり、酵素としての機能は維持されたままドロップレットを作る能力だけを失ったとしたら、二酸化炭素の濃度が下がったときに生き残りにくくなるのかもしれない。このように、分子の単位ではなくドロップレットの単位で進化するのは興味深い事例である。

動物細胞よりもむしろ植物細胞の方が、多様な環境に応答する必要がある。植物は、発芽センサーや温度センサー、光センサーなどにドロップレットの性質をうまく活用しているのだろう。沸騰するほどの高温や、凍るほどの低温、深海の超高圧や飽和イオン濃度や、酸素がまったくない嫌気条件などの環境に適応するアーキアなどの生物も、おそらくは環境に適応するためにドロップレットを使っている可能性が高い。現在は真核生物の研究が先行しているが、このような極限環境に生息するアーキアの研究もこれからの進展が楽しみである。

精子と相分離

哺乳類は卵子と精子が受精して発生する。精子は通常の細胞とは異なり、減数分裂と呼ばれる過程を経て染色体の数が半分になっている。このプロセスは高度に組織化されており、発生の初期にあらかじめ必要な遺伝子がｍＲＮＡへと転写され、必要なタイミングでタンパク質への翻訳があらためて行われるという、連続しない2段階のプロセスを経る。このような現象は、分子だけを見てもわかりにくい。しかし、相分離メガネを装着してみると、ドロプレットの形成が関わっていると想像できる。

中国科学院大学のモーファン・リュウらの研究チームによって、次のようなメカニズムが報告されている。[16] 生殖細胞に広く見られる胚芽顆粒は、あらかじめ合成されたｍＲＮＡを含むドロプレットである。この中に含まれるｍＲＮＡは、翻訳システムと相互作用できないため不活性化されている。そして、発生の後期になるとＦＸＲ1タンパク質が多量に発現されるようになり、その結果、こちらも必然的にドロプレットを形成する。この両者のドロプレットが融合すると、翻訳に関するタンパク質がここに溶けやすくなり、不活性化されていたｍＲＮＡから新たなタンパク質が合成されはじめるのである。

ここではタンパク質のＦＸＲ1の「発現量」が直接的に機能のオフからオンへの切り替えの引き金となっている。この仕組みはまさに相分離を使った機能スイッチングの典型例である。すなわち、あるドロプレット内では物質が不活性化されているが、濃度のバランスが変わり組成の異なる新たなドロプレットができたときに活性化するわけである。

ウイルスゲノムのパッケージング

相分離メガネをかけて最近の報告例を見てきたが、最後にもうひとつ、新型コロナウイルスに関する研究例を見てみたい。新型コロナウイルスＳＡＲＳ－ＣｏＶ－２は、約３万塩基からなる長いＲＮＡをゲノム情報として持つ。ウイルスの部品が感染細胞内で複製される最終段階では、量産された長いＲＮＡが、ひとつずつエンベロープと呼ばれる脂質膜にうまく包まれて放出される。このようなウイルスのパッケージングも、液－液相分離の概念が細胞内の理解に役立つことがわかるまでは、説明が難しい現象であった。

ＳＡＲＳ－ＣｏＶ－２を構成する主なタンパク質は四つのグループに大別される。ウイルスを包み込む生体膜に結合するタンパク質であるエンベロープタンパク質（Ｅ）および膜タンパク質（Ｍ）、感染するために必要なスパイクタンパク質（Ｓ）、そしてウイルスのエンベロープの内部に、ヌクレオキャプシドタンパク質（Ｎ）と、約３万塩基からなるゲノムＲＮＡがある。

ウイルスがヒトの細胞に感染すると、ヒトの細胞内にあるタンパク質合成系を乗っ取って、ゲノムＲＮＡの情報からタンパク質を合成し、ウイルスの構成要素を大量に作らせる。それらがふたたび集まってウイルスができあがる。それでは、ヒトの細胞内でどのような仕組みで量産されたウイルスの部品が組みたてられ、ウイルス粒子ができるのだろうか？　このプロセスで難しい点はいくつもあげられるだろう。たとえば、３万塩基もある巨大な分子であるゲノムＲＮＡがひとつだけエンベロープで含まれるようにすること、細胞内にあるヒトのＲＮＡや、ヒトの細胞内でのみ働くウイルス由来ＲＮＡは排除すること、ウイルスのＮタンパク質は取り込むが細胞内にあるさまざまなヒトのタンパク質は取り込まないことなど、ひとつのウイルスが合成されるまでの分子の選別だけでもかなり高度なことが行われている。細胞内の濃厚スープの中で長いゲノムＲＮＡとＮタンパク質だけを含んだ球状の集合物を作る操作は、将来どれほど高性能なナノピンセットが開発されても不可能である。

これを実現するには、要するにドロプレットができていると考えるとわかりやすい。つまり、ゲノムＲＮＡとＮタンパク質が細胞内でドロプレットを形成しやすく、それ以外の物質はこのドロプレットと親和性がないので排除されているのだ。特定の分子が濃縮され、それ以外の分子が排除される仕組みは、前者だけを溶かすドロプレットがあれば実現できる。

米国ノースカロライナ大学のエイミー・グラッドフェルターらの研究チームは、ゲノムのパッケージングのメカニズムを相分離によってうまく説明している。[17]パッケージングの主役となるＮタンパク質は４１９アミノ酸からなり、全長の４割が天然変性領域である。ＲＮＡ結合ドメインが複数あることから、相分離しやすいタンパク質の典型的な特徴を備えている。Ｎタンパク質は全体としてプラスの電荷を持っているので、ゲノムＲＮＡと静電的に相互作用しやすい。その中でもウイルスのゲノムＲＮＡにはＮタンパク質がより強く結合できる領域があるので、１本のゲノムＲＮＡとＮタンパク質だけで構成されたドロプレットが形成できる。このドロプレットが脂質膜で包み込まれる過程については別の研究が必要になるが、多種類の分子が混じった溶液から特定の分子種だけを集める仕組みは、液－液相分離によるメカニズムで説明できるのがわかるだろう。

生命を理解する

この半世紀をかけて積み上げてきた生命科学の成果が、相分離生物学によってさらに花開こうとしている様子を紹介してきた。その一方で、これから理解されていくであろう謎も、今のところまだたくさん残されている。本書の冒頭に書いた息子のアレルギーの話のように、生きた状態は実にあやういものである。アレルギーはもともと、感染に対する防御機構が過剰に反応したものだ。こういった現象はヒトに特別なものなのか、文明とともに現れた疾患なのか、どのように制御できるのかなど、わからないことが多い。

余談だが、息子は高校3年生の夏休みに全国路上ライブツアーに出かけた。夏休みがはじまると同時に東京から福岡まで南下し、飛行機で北海道に飛んでふたたび南下し、1ヶ月をかけて茨城県にある我が家に帰ってきた。途中で警察からお叱りの電話がかかってきたりもしたが、いわゆる投げ銭だけで食費や宿泊費のすべてを賄い、日本一周できるのだから立派なものである。しかし帰ってくるなり体調を崩し、新型コロナウイルスに感染していることがわかった。私たち家族も濃厚接触者として隔離生活を送り、この時代らしい経験ができた夏でもあった。

彼は高校生になったころ、「お父さん、相談がある」と言った。歌を本気で頑張ってみたい、勉強は最低限しかやらないがそれでいいかと。こうして正面から言われて反対できる父親はいない。かつて私が父親に、研究者になりたいと言ったときと同じように、他人に迷惑をかけず楽しんでやっていけることが見つかれば、それが一番いいことだと伝えた。彼はそれから毎日何時間も歌い続け、スタジオで動画を撮りYouTubeにアップロードし、休日のたびに路上でライブをしている。彼は物心ついたころからの経験から、何か伝えたい大事なものを持っているのだろう。父である私とは、ただ表現の仕方が違っているだけである。生きているとはいったいどういうことなのか。

アルツハイマー病やプリオン病なども、生きた状態のあやうさに由来する疾患である。平均寿命が40歳程度だった時代にはアルツハイマー病はほとんど存在しなかったが、医療が進歩し、寿命が延びるにつれて顕在化してきた。アルツハイマー病は高齢になれば誰もが発症しうる疾患であり、製薬会社がこぞってバイオ医薬品を開発してきたが、数十年かけても期待される薬はできなかった。だが今後は相分離の見方を取り入れることで、ブレイクスルーが起こるだろう。

38億年前の地球のどこかで生きものが誕生した。この始原細胞がどういう構造を持っていたのか、今はまだ想像の域を出ないが、相分離の視点を得たことで研究すべき方向はクリアになってきた。タンパク質などの有機物質は水にほどほどに馴染み、ほどほどに排除する性質がある。その結果、溶けないものが集まり、溶けるものが分散し、生きた状態を生み出すことができたのではないか。

ＤＮＡのような複雑な分子が生まれる前に、生物が「情報」をどう扱えるようになっていったのかについても、相分離の見方によって理解が深まるのではないだろうか。ドロプレットを作ることによってタンパク質分子の機能のオンとオフを切り替えられることは、タンパク質の配列情報がDNAに書き込まれていることで機能のオンとオフが切り替えられていることと、同等である。タンパク質であれDNAであれ、何らかの方法で保存できる情報があればコピーができるので、子孫を残すことができる。

生きものはすべて親から生まれてくる。だが、完全にコピーされることはなく、どこかがわずかに親と違っている。そのエラーによって子孫を残せる確率がわずかに変化する。それが38億年も積み重なってきたのが生物の歴史である。

生物史は闘争の歴史でもある。新型コロナウイルスのような感染する側と感染される側の生命をかけた争いがあり、または食物アレルギーのような形として現れてきたように、食べるものと食べられるものの間にも命をかけた争いがある。そして世界中で歌われているように、恋も愛もまた命をかけた闘争である。その結果、私たちがここに生きているのである。

あとがき

生きているとはどういう状態だろうか？　現代の科学で生命はどこまで理解できるのだろうか？　本書は、こういう素朴な疑問に「タンパク質溶液」から迫ろうと試みた本である。

遺伝子は生命を説明する鍵になるのか？　そもそも生命は作れるのか？　「溶ける」というありふれた現象がなぜ生命の理解に必要なのか？　タンパク質はどのくらい複雑で現実にデザインできるようなものなのか？　アルツハイマー病の抗体薬の開発がなぜこれだけ難航し続けてきたのか？　など、各章に具体的な課題を設定している。それぞれの章は読み切りなので、さっと読むことができると思う。でも、多くの原著論文を引用しながらできるだけ科学的に忠実に書いているので、本書を手がかりにして原典や教科書にあたり、自身でもっと考えを深めていくような楽しみ方もできるだろう。

細胞の成分は水が7割であり、次に多いのがタンパク質である。この円グラフを初めて見た中学生のころ、生きものとはタンパク質溶液なのだなと衝撃を受けたのを覚えている。大学では理学部生物学科に進み、生化学や分子生物学や構造生物学などを学んでいくうちに、生命を理解するにはやはりタンパク質そのものだけではなく、水分子も含めた「タンパク質溶液」を対象にすべきだと思い、それから30年ほど研究をしてきた。「タンパク質溶液を対象にする」とは、タンパク質分子だけでなく、水分子や他のタンパク質分子との相互作用まで含めた全体を調べるということである。そしてここまで視野を広げてみると、分子が集団になり、分子と分子の「あいだ」を制御することで発揮している新たな機能がぞくぞくと見つかってきたのだ。近年、この分野は相分離生物学と呼ばれている。

成果の実例はぜひ本編を見てほしいが、ひとつ身近な例を挙げてみよう。タンパク質溶液の理解は今でもけっこう難しいが、タンパク質溶液を扱う技術の方は着実に進歩してきている。例えば、卵白を加熱するとゆで卵になる。誰もが知っている現象だが、実はこのタンパク質溶液にアミノ酸の一種のアルギニンを入れておくだけで、熱しても固まらなくなる。アルギニンには、分子と分子の「あいだ」にある特別な相互作用を切る働きがあるからだ。こういった分子間の相互作用のノックアウト技術は、不安定なバイオ医薬品の安定化など、今では広く産業にも活用されている。

編集の市田朝子さんには、本書の立案から文章の語尾にいたるまで丁寧なコメントを頂いた。本書には、筑波大学の研究室の学生たちとディスカッションした内容がたくさん含まれている。生命を理解したいと思うようになった個人的な体験もいくつか盛り込んだ。関係者の皆様に感謝いたします。

白木賢太郎

二〇二二年十二月

索　引

ヤ

ラ

ワ

参 考 文 献

第2章　1億倍の加速装置

1) Iwashita, K., Handa, A., Shiraki, K., 'Coacervates and coaggregates: Liquid-liquid and liquid-solid phase transitions by native and unfolded protein complexes,' *Int. J. Biol. Macromol.*, 120(Pt A), pp. 10–18, 2018.
2) Tsumoto, K., Sakuta, H., Takiguchi, K., Yoshikawa, K., 'Nonspecific characteristics of macromolecules create specific effects in living cells,' *Biophys. Rev.*, 12(2), pp. 425–434, 2020.
3) Li, P., Banjade, S., Cheng, H. C., et al., 'Phase transitions in the assembly of multivalent signalling proteins,' *Nature*, 483(7389), pp. 336–340, 2012.
4) Castellana, M., Wilson, M. Z., Xu, Y., et al., 'Enzyme clustering accelerates processing of intermediates through metabolic channeling,' *Nat. Biotechnol.*, 32(10), pp. 1011–1018, 2014.
5) Srere, P. A., 'Enzyme concentrations in tissues,' *Science*, 158(3803), pp. 936–937, 1967.
6) Srere, P. A., 'Complexes of sequential metabolic enzymes,' *Annu. Rev. Biochem.*, 56, pp. 89–124, 1987.
7) An, S., et al., 'Reversible compartmentalization of de novo purine biosynthetic complexes in living cells,' *Science*, 320(5872), pp. 103–106, 2008.
8) Franzmann, T. M., et al., 'Phase separation of a yeast prion protein promotes cellular fitness,' *Science*, 359(6371), eaao5654, 2018.
9) Du, M., Chen, Z. J., 'DNA-induced liquid phase condensation of cGAS activates innate immune signaling,' *Science*, 361(6403), pp. 704–709, 2018.
10) Patel, A., Malinovska, L., Saha, S., Wang, J., Alberti, S., Krishnan, Y., Hyman, A. A., 'ATP as a biological hydrotrope,' *Science*, 356(6339), pp. 753–756, 2017.
11) Freeman Rosenzweig, E. S., Xu, B., Kuhn Cuellar, L., et al., 'The Eukaryotic CO_2-Concentrating Organelle Is Liquid-like and Exhibits Dynamic Reorganization,' *Cell*, 171(1), pp. 148–162, 2017.
12) Wegmann, S., et al., 'Tau protein liquid-liquid phase separation can initiate tau aggregation,' *EMBO J.*, 2018;37(7). pii: e98049.
13) Patel, A., et al., 'A Liquid-to-Solid Phase Transition of the ALS Protein FUS Accel-

erated by Disease Mutation,' *Cell*, 162(5), pp. 1066–1077, 2015.
14) Iserman, C., Roden, C., Boerneke, M., et al., 'Specific viral RNA drives the SARS CoV-2 nucleocapsid to phase separate,' Preprint. *bioRxiv*, Published 2020 Jun 12.
15) Cubuk, J., Alston, J. J., Incicco, J. J., et al., 'The SARS-CoV-2 nucleocapsid protein is dynamic, disordered, and phase separates with RNA,' Preprint. *bioRxiv*, Published 2020 Jun 18.
16) Perdikari, T. M., Murthy, A. C., Ryan, V. H., Watters, S., Naik, M. T., Fawzi, N. L., 'SARS-CoV-2 nucleocapsid protein undergoes liquid-liquid phase separation stimulated by RNA and partitions into phases of human ribonucleoproteins,' Preprint. *bioRxiv*, Published 2020 Jun 10.
17) Lu, S., Ye, Q., Singh, D., Villa, E., Cleveland, D. W., Corbett, K. D., 'The SARS-CoV-2 Nucleocapsid phosphoprotein forms mutually exclusive condensates with RNA and the membrane-associated M protein,' Preprint. *bioRxiv*, Published 2020 Jul 31.
18) Klein, I. A., Boija, A., Afeyan, L. K., et al., 'Partitioning of cancer therapeutics in nuclear condensates,' *Science*, 368(6497), pp. 1386–1392, 2020.

第3章　二つのドグマ

1) VOGEL, F., 'A PRELIMINARY ESTIMATE OF THE NUMBER OF HUMAN GENES,' *Nature*, 201, p. 847, 1964.
2) Venter, J. C., et al., 'The sequence of the human genome,' *Science*, 291(5507), pp. 1304–1051, 2001 Feb 16. Erratum in: *Science*, 292(5523), p. 1838, 2001.
3) InteRNAtional Human Genome Sequencing Consortium, 'Finishing the euchromatic sequence of the human genome,' *Nature*, 431(7011), pp. 931–945, 2004.
4) ENCODE Project Consortium, 'The ENCODE (ENCyclopedia Of DNA Elements) Project,' *Science*, 306(5696), pp. 636–640, 2004.
5) ENCODE Project Consortium, 'An integrated encyclopedia of DNA elements in the human genome,' *Nature*, 489(7414), pp. 57–74, 2012.
6) Pertea, M., Shumate, A., Pertea, G., Varabyou, A., Breitwieser, F. P., Chang, Y. C., Madugundu, A. K., Pandey, A., Salzberg, S. L., 'CHESS: a new human gene catalog curated from thousands of large-scale RNA sequencing experiments reveals extensive transcriptional noise,' *Genome Biol.*, 19(1), 208, 2018.
7) Wilkins, M. R., et al., 'Progress with proteome projects: why all proteins expressed by a genome should be identified and how to do it,' *Biotechnol. Genet. Eng. Rev.*, 13, pp. 19–50, 1996.
8) Kahn, P., 'From genome to proteome: looking at a cell's proteins,' *Science*, 270(5235), pp. 369–370, 1995.
9) Samuel Marguerat, et al., 'Quantitative Analysis of Fission Yeast Transcriptomes and Proteomes in Proliferating and Quiescent Cells,' *Cell*, 151(3), pp. 671–683, 2012.
10) Schwanhäusser, B., et al., 'Global quantification of mammalian gene expression control,' *Nature*, 473(7347), pp. 337–342, 2011.

11) M. Ron, 'What is the total number of protein molecules per cell volume? A call to rethink some published values,' *Bioessays*, 35, pp. 1050–1055, 2013.
12) Bianconi, E., et al., 'An estimation of the number of cells in the human body,' *Ann. Hum. Biol.*, 40(6), pp. 463–471, 2013.
13) Vecchi, G., Sormanni, P., Mannini, B., et al., 'Proteome-wide observation of the phenomenon of life on the edge of solubility,' *PNAS*, 117(2), pp. 1015–1020, 2020.

第4章　生命は「溶かす」ことで進化した

1) Kyte, J., Doolittle, R. F., 'A simple method for displaying the hydropathic character of a protein,' *J. Mol. Biol.*, 157(1), pp. 105–132, 1982.
2) Van Noorden, R., Maher, M., Nuzzo, R., 'The top 100 papers,' *Nature*, 514(7524), pp. 550–553, 2014.
3) Kunz, W., Henle, J., Ninham, B. W., 'Zur Lehre von der Wirkung der Salze(about the science of the effect of salts): Franz Hofmeisters historical papers,' *Current Opinion in Colloid & Interface Science*, 9, pp. 19–37, 2004.
4) Okur, H. I., Hladílková, J., Rembert, K. B., Cho, Y., Heyda, J., Dzubiella, J., Cremer, P. S., Jungwirth, P., 'Beyond the Hofmeister Series: Ion-Specific Effects on Proteins and Their Biological Functions,' *J. Phys. Chem. B.*, 121(9), pp. 1997–2014, 2017.
5) Marcus, Y., 'Effect of ions on the structure of water: structure making and breaking,' *Chem. Rev.*, 109(3), pp. 1346–1370, 2009.
6) Shiraki, K., Mimura, M., Nishinami, S., Ura, T., 'Effect of additives on liquid droplets and aggregates of proteins,' *Biophys. Rev.*, 12(2), pp. 587–592, 2020.
7) Vaquer-Alicea, J., Diamond, M. I., 'Propagation of Protein Aggregation in Neurodegenerative Diseases,' *Annu. Rev. Biochem.*, 88, pp. 785–810, 2019.
8) Hartl, F. U., Hayer-Hartl, M., 'Molecular chaperones in the cytosol: from nascent chain to folded protein,' *Science*, 295(5561), pp. 1852–1858, 2002.
9) Tissières, A., Mitchell, H. K., Tracy, U. M., 'Protein synthesis in salivary glands of Drosophila melanogaster: relation to chromosome puffs,' *J. Mol. Biol.*, 84(3), pp. 389–398, 1974.
10) Wu, J., Liu, T., Rios, Z., Mei, Q., Lin, X., Cao, S., 'Heat Shock Proteins and Cancer,' *Trends Pharmacol. Sci.*, 38(3), pp. 226–256, 2017.
11) Schopf, F. H., Biebl, M. M., Buchner, J., 'The HSP90 chaperone machinery,' *Nat. Rev. Mol. Cell. Biol.*, 18(6), pp. 345–360, 2017.
12) Rohner, N., Jarosz, D. F., Kowalko, J. E., Yoshizawa, M., Jeffery, W. R., Borowsky, R. L., Lindquist, S., Tabin, C. J., 'Cryptic variation in morphological evolution: HSP90 as a capacitor for loss of eyes in cavefish,' *Science*, 342(6164), pp. 1372–1375, 2013.
13) Siegal, M. L., Leu, J. Y., 'On the Nature and Evolutionary Impact of Phenotypic Robustness Mechanisms,' *Annu. Rev. Ecol. Evol. Syst.*, 45, pp. 496–517, 2014.
14) Waddington, C. H., 'Canalization of development and the inheritance of acquired characters,' *Nature*, 150, pp. 563–565, 1942.

15) Paaby, A. B., Rockman, M. V., Cryptic genetic variation: evolutions hidden substrate,' *Nat. Rev. Genet.*, 15(4), pp. 247–258, 2014.
16) Tokuriki, N., Tawfik, D. S., 'Chaperonin overexpression promotes genetic variation and enzyme evolution,' *Nature*, 459(7247), pp. 668–673, 2009.
17) Rutherford, S. L., Lindquist, S., 'Hsp90 as a capacitor for morphological evolution,' *Nature*, 396(6709), pp. 336–342, 1998.
18) Jarosz, D. F., Lindquist, S., 'Hsp90 and environmental stress transform the adaptive value of natural genetic variation,' *Science*, 330(6012), pp. 1820–1824, 2010.
19) Sahni, N., et al., 'Widespread macromolecular interaction perturbations in human genetic disorders,' *Cell*, 161(3), pp. 647–660, 2015.
20) Ceccaldi, R., Sarangi, P., D'Andrea, A. D., 'The Fanconi anaemia pathway: new players and new functions,' *Nat. Rev. Mol. Cell. Biol.*, 17(6), pp. 337–349, 2016.
21) Karras, G. I., Yi, S., Sahni, N., Fischer, M., Xie, J., Vidal, M., D'Andrea, A. D., Whitesell, L., Lindquist, S., 'HSP90 Shapes the Consequences of Human Genetic Variation,' *Cell*, 168(5), pp. 856–866, 2017.
22) Siegal, M. L., 'Molecular genetics: Chaperone protein gets personal,' *Nature*, 545(7652), pp. 36–37, 2017.
23) Calderwood, S. K., Gong, J., 'Heat Shock Proteins Promote Cancer: Its a Protection Racket,' *Trends Biochem. Sci.*, 41(4), pp. 311–323, 2016.
24) Roberts, J. L., Tavallai, M., Nourbakhsh, A., Fidanza, A., Cruz-Luna, T., Smith, E., Siembida, P., Plamondon, P., Cycon, K. A., Doern, C. D., Booth, L., Dent, P., 'GRP78/Dna K Is a Target for Nexavar/Stivarga/Votrient in the Treatment of Human Malignancies, Viral Infections and Bacterial Diseases,' *J. Cell. Physiol.*, 230(10), pp. 2552–2578, 2015.
25) Tavallai, M., Booth, L., Roberts, J. L., Poklepovic, A., Dent, P., 'Rationally Repurposing Ruxolitinib (*Jakafi*®) as a Solid Tumor Therapeutic,' *Front Oncol.*, 6, p. 142, 2016.
26) Jarosz, D., 'Hsp90: A Global Regulator of the Genotype-to-Phenotype Map in Cancers,' *Adv. Cancer Res.*, 129, pp. 225–247, 2016.
27) David, D. C., Ollikainen, N., Trinidad, J. C., Cary, M. P., Burlingame, A. L., Kenyon, C., 'Widespread protein aggregation as an inherent part of aging in *C. elegans*,' *PLoS Biol.*, 8(8), e1000450, 2010.
28) Vecchi, G., Sormanni, P., Mannini, B., et al., 'Proteome-wide observation of the phenomenon of life on the edge of solubility,' *PNAS*, 117(2), pp. 1015–1020, 2020.
29) Balch, W. E., Morimoto, R. I., Dillin, A., Kelly, J. W., 'Adapting proteostasis for disease intervention,' *Science*, 319, pp. 916–919, 2008.
30) Ayyadevara, S., Balasubramaniam, M., Suri, P., Mackintosh, S. G., Tackett, A. J., Sullivan, D. H., Shmookler Reis, R. J., Dennis, R. A., 'Proteins that accumulate with age in human skeletal-muscle aggregates contribute to declines in muscle mass and function in Caenorhabditis elegans,' *Aging* (Albany NY), 8(12), pp. 3486–3497, 2016.
31) Taverna, D. M., Goldstein, R. A., 'Why are proteins marginally stable?,' *Proteins*, 46(1), pp. 105–109, 2002.

第5章　溶液の構造をデザインする

1) Fujiwara, S., Takagi, M., Imanaka, T., 'Archaeon *Pyrococcus kodakaraensis* KOD1: application and evolution,' *Biotechnol. Annu. Rev.*, 4, pp. 259–284, 1998.
2) Tanaka, T., Sawano, M., Ogasahara, K., Sakaguchi, Y., Bagautdinov, B., Katoh, E., Kuroishi, C., Shinkai, A., Yokoyama, S., Yutani, K., 'Hyper-thermostability of CutA1 protein, with a denaturation temperature of nearly 150 degrees C,' *FEBS Lett.*, 580, pp. 4224–4230, 2006.
3) Zhou, X. X., Wang, Y. B., Pan, Y. J., Li, W. F., 'Differences in amino acids composition and coupling patterns between mesophilic and thermophilic proteins,' *Amino Acids*, 34(1), pp. 25–33, 2008.
4) Szilagyi, A., Zavodszky, P., 'Structural differences between mesophilic, moderately thermophilic and extremely thermophilic protein subunits: results of a comprehensive survey,' *Structure*, 8(5), pp. 493–504, 2000.
5) Shiraki, K., Nishikori, S., Fujiwara, S., Hashimoto, H., Kai, Y., Takagi, M., Imanaka, T., 'Comparative analyses of the conformational stability of a hyperthermophilic protein and its mesophilic counterpart,' *Eur. J. Biochem.*, 268(15), pp. 4144–4150, 2001.
6) Yu, M. H., Weissman, J. S., Kim, P. S., 'Contribution of individual side-chains to the stability of BPTI examined by alanine-scanning mutagenesis,' *J. Mol. Biol.*, 249(2), pp. 388–397, 1995.
7) Hamajima, Y., Nagae, T., Watanabe, N., Ohmae, E., Kato-Yamada, Y., Kato, C., 'Pressure adaptation of 3-isopropylmalate dehydrogenase from an extremely piezophilic bacterium is attributed to a single amino acid substitution,' *Extremophiles*, 20(2), pp. 177–186, 2016.
8) Shiraki, K., Norioka, S., Li, S., Yokota, K., Sakiyama, F., 'Electrostatic role of aromatic ring stacking in the pH-sensitive modulation of a chymotrypsin-type serine protease, Achromobacter protease I,' *Eur. J. Biochem.*, 269(16), pp. 4152–4158, 2002.
9) Yancey, P. H., Clark, M. E., Hand, S. C., Bowlus, R. D., Somero, G. N., 'Living with water stress: evolution of osmolyte systems,' *Science*, 217(4566), pp. 1214–1222, 1982.
10) Yancey, P. H., 'Cellular responses in marine animals to hydrostatic pressure,' *J. Exp. Zool. A. Ecol. Integr. Physiol.*, 333(6), pp. 398–420, 2020.
11) Oshima, T., 'Unique polyamines produced by an extreme thermophile, *Thermus thermophilus*,' *Amino Acids*, 33(2), pp. 367–372, 2007.
12) Shiraki, K., Tomita, S., Inoue, N., 'Small Amine Molecules: Solvent Design Toward Facile Improvement of Protein Stability Against Aggregation and Inactivation,' *Curr. Pharm. Biotechnol.*, 17(2), pp. 116–125, 2015.
13) Patel, A., Malinovska, L., Saha, S., Wang, J., Alberti, S., Krishnan, Y., Hyman, A. A., 'ATP as a biological hydrotrope,' *Science*, 356(6339), pp. 753–756, 2017.
14) Neuberg, C., 'Hydrotropy,' *Biochem. Z.*, 76, pp. 107–176, 1916.

15) Parry, B. R., Surovtsev, I. V., Cabeen, M. T., O'Hern, C. S., Dufresne, E. R., Jacobs-Wagner, C., 'The bacterial cytoplasm has glass-like properties and is fluidized by metabolic activity,' *Cell*, 156(1–2), pp. 183–194, 2014.
16) Mandel, I., Neuberg, C., 'Solubilization, migration, and utilization of insoluble matter in nature,' *Adv. Enzymol. Relat. Subj. Biochem.*, 17, pp. 135–158, 1956.
17) J. Mehringer, et al., 'Hofmeister versus Neuberg: is ATP really a biological hydrotrope?,' *Cell Rep. Phys. Sci.*, 2, 100343, 2021.
18) Buchner, J., Rudolph, R., 'Renaturation, purification and characterization of recombinant Fab-fragments produced in Escherichia coli,' *Biotechnology* (NY). 9(2), pp. 157–162, 1991.
19) Lange, C., Rudolph, R., 'Suppression of protein aggregation by L-arginine,' *Curr. Pharm. Biotechnol.*, 10(4), pp. 408–414, 2009.
20) Shiraki, K., Kudou, M., Fujiwara, S., Imanaka, T., Takagi, M., 'Biophysical effect of amino acids on the prevention of protein aggregation,' *J. Biochem.*, 132(4), pp. 591–595, 2002.
21) Hirano, A., Arakawa, T., Shiraki, K., 'Arginine increases the solubility of coumarin: comparison with salting-in and salting-out additives,' *J. Biochem.*, 144(3), pp. 363–369, 2008.
22) Miyatake, T., Yoshizawa, S., Arakawa, T., Shiraki, K., 'Charge state of arginine as an additive on heat-induced protein aggregation,' *Int. J. Biol. Macromol.*, 87, pp. 563–569, 2016.
23) Ejima, D., Yumioka, R., Arakawa, T., Tsumoto, K., 'Arginine as an effective additive in gel permeation chromatography,' *J. Chromatogr. A.*, 1094(1–2), pp. 49–55, 2005.
24) Inoue, N., Takai, E., Arakawa, T., Shiraki, K., 'Specific decrease in solution viscosity of antibodies by arginine for therapeutic formulations,' *Mol. Pharm.*, 11(6), pp. 1889–1896, 2014.
25) Yamasaki, H., Tsujimoto, K., Koyama, A. H., Ejima, D., Arakawa, T., 'Arginine facilitates inactivation of enveloped viruses,' *J. Pharm. Sci.*, 97(8), pp. 3067–3073, 2008.
26) Shikiya, Y., Tomita, S., Arakawa, T., Shiraki, K., 'Arginine inhibits adsorption of proteins on polystyrene surface,' *PLoS One*, 8(8), e70762, 2013.
27) Hong, T., Iwashita, K., J Han, S Nishinami, Handa, A., Shiraki, K., 'Aggregation of hen egg white proteins with additives during agitation,' *LWT*, 146(1), 111378, 2021.
28) Hong, T., Iwashita, K., Handa, A., Shiraki, K., 'Arginine prevents thermal aggregation of hen egg white proteins,' *Food Res. Int.*, 97, pp. 272–279, 2017.

第6章　レビンタールのパラドックス

1) Mirsky, A. E., Pauling, L., 'On the Structure of Native, Denatured, and Coagulated Proteins,' *PNAS*, 22(7), pp. 439–447, 1936.
2) Sela, M., White, F. H., Jr., Anfinsen, C. B., 'Reductive cleavage of disulfide bridges in ribonuclease,' *Science*, 125(3250), pp. 691–692, 1957.

3) Greene, R. F., Jr., Pace, C. N., 'Urea and guanidine hydrochloride denaturation of ribonuclease, lysozyme, alpha-chymotrypsin, and beta-lactoglobulin,' *J. Biol. Chem.*, 249(17), pp. 5388–5393, 1974.
4) Kubelka, J., Hofrichter, J., Eaton, W. A., 'The protein folding 'speed limit'' *Curr. Opin. Struct. Biol.*, 14(1), 76–88, 2004.
5) Levinthal, C., 'Are there pathways for protein folding?,' *J. Chim. Phys.*, 65, pp. 44–45, 1968.
6) Kuwajima, K., Nitta, K., Yoneyama, M., Sugai, S., 'Three-state denaturation of alpha-lactalbumin by guanidine hydrochloride,' *J. Mol. Biol.*, 106(2), pp. 359–373, 1976.
7) Ohgushi, M., Wada, A., '"Molten-globule state": a compact form of globular proteins with mobile side-chains,' *FEBS Lett.*, 164(1), pp. 21–24, 1983.
8) Shiraki, K., Nishikawa, K., Goto, Y., 'Trifluoroethanol-induced stabilization of the alpha-helical structure of beta-lactoglobulin: implication for non-hierarchical protein folding,' *J. Mol. Biol.*, 245(2), pp. 180–194, 1995.
9) Kuwata, K., Shastry, R., Cheng, H., Hoshino, M., Batt, C. A., Goto, Y., Roder, H., 'Structural and kinetic characterization of early folding events in beta-lactoglobulin,' *Nat. Struct. Biol.*, 8(2), pp. 151–155, 2001.
10) Bryngelson, J. D., Onuchic, J. N., Socci, N. D., Wolynes, P. G., 'Funnels, pathways, and the energy landscape of protein folding: a synthesis,' *Proteins*, 21(3), pp. 167–195, 1995.
11) Wolynes, P. G., Onuchic, J. N., Thirumalai, D., 'Navigating the folding routes,' *Science*, 267(5204), pp. 1619–1620, 1995.
12) Baldwin, R. L., 'The nature of protein folding pathways: the classical versus the new view,' *J. Biomol. NMR*, 5(2), pp. 103–109, 1995.
13) Go, N., 'Theoretical Studies of Protein Folding', *Annu. Rev. Biophys. Bioeng.*, 12, pp. 183–210, 1983.

第7章　プリオンの二つの顔

1) 厚生労働省「牛海綿状脳症（BSE）について」（https://www.mhlw.go.jp/stf/seisakunitsuite/bunya/kenkou_iryou/shokuhin/bse/index.html）
2) リチャード・ローズ『死の病原体プリオン』桃井健司・網屋慎哉訳，草思社，1998年.
3) Hill, A. F., Desbruslais, M., Joiner, S., Sidle, K. C., Gowland, I., Collinge, J., Doey, L. J., Lantos, P., 'The same prion strain causes vCJD and BSE,' *Nature*, 389(6650), pp. 448–450, 526, 1997.
4) Alper, T., Haig, D. A., Clarke, M. C., 'The exceptionally small size of the scrapie agent,' *Biochem. Biophys. Res. Commun.*, 22(3), pp. 278–284, 1966.
5) Prusiner, S. B., 'Novel proteinaceous infectious particles cause scrapie,' *Science*, 216(4542), pp. 136–144, 1982.
6) Schwanhäusser, B., et al., 'Global quantification of mammalian gene expression control,' *Nature*, 473(7347), pp. 337–342, 2011.
7) Aguilar-Calvo, P., García, C., Espinosa, J. C., Andreoletti, O., Torres, J. M., 'Prion

and prion-like diseases in animals,' *Virus Res.*, 207, pp. 82–93, 2015.
8) Liberski, P. P., Sikorska, B., Brown, P., 'Kuru: the first prion disease,' *Adv. Exp. Med. Biol.*, 724, pp. 143–153, 2012.
9) Paitel, E., Fahraeus, R., Checler, F., 'Cellular prion protein sensitizes neurons to apoptotic stimuli through Mdm2-regulated and p53-dependent caspase 3-like activation,' *J. Biol. Chem.*, 278(12), pp. 10061–10066, 2003.
10) Küffer, A., Lakkaraju, A. K., Mogha, A., Petersen, S. C., Airich, K., Doucerain, C., Marpakwar, R., Bakirci, P., Senatore, A., Monnard, A., Schiavi, C., Nuvolone, M., Grosshans, B., Hornemann, S., Bassilana, F., Monk, K. R., Aguzzi, A., 'The prion protein is an agonistic ligand of the G protein-coupled receptor Adgrg6,' *Nature*, 536(7617), pp. 464–468, 2016.
11) Si, K., Lindquist, S., Kandel, E. R., 'A neuronal isoform of the aplysia CPEB has prion-like properties,' *Cell*, 115(7), pp. 879–891, 2003.
12) True, H. L., Lindquist, S. L., 'A yeast prion provides a mechanism for genetic variation and phenotypic diversity,' *Nature*, 407(6803), pp. 477–483, 2000.
13) Yuan, A. H., Hochschild, A., 'A bacterial global regulator forms a prion,' *Science*, 355(6321), pp. 198–201, 2017.
14) Franzmann, T. M., et al., 'Phase separation of a yeast prion protein promotes cellular fitness,' *Science*, 359(6371), eaao5654, 2018.
15) Protter, D. S. W., Parker, R., 'Principles and Properties of Stress Granules,' *Trends Cell Biol.*, 26(9), pp. 668–679, 2016.
16) Wright, P. E., Dyson, H. J., 'Intrinsically unstructured proteins: re-assessing the protein structure-function paradigm,' *J. Mol. Biol.*, 293(2), pp. 321–331, 1999.
17) Tsang, B., Pritišanac, I., Scherer, S. W., Moses, A. M., Forman-Kay, J. D., 'Phase Separation as a Missing Mechanism for Interpretation of Disease Mutations,' *Cell*, 183(7), pp. 1742–1756, 2020.
18) Patel, A., Lee, H. O., Jawerth, L., Maharana, S., Jahnel, M., Hein, M. Y., Stoynov, S., Mahamid, J., Saha, S., Franzmann, T. M., Pozniakovski, A., Poser, I., Maghelli, N., Royer, L. A., Weigert, M., Myers, E. W., Grill, S., Drechsel, D., Hyman, A. A., Alberti, S., 'A Liquid-to-Solid Phase Transition of the ALS Protein FUS Accelerated by Disease Mutation,' *Cell*, 162(5), pp. 1066–1677, 2015.
19) Patel, A., Malinovska, L., Saha, S., Wang, J., Alberti, S., Krishnan, Y., Hyman, A. A., 'ATP as a biological hydrotrope,' *Science*, 356(6339), pp. 753–756, 2017.
20) 西奈美卓・白木賢太郎『相分離生物学で理解するプリオンの存在意義』日本物理学会誌，75巻，pp. 192–200，2020年．

第8章　アミロイドはアルツハイマー病の原因なのか

1) Sevigny, J., et al., 'The antibody aducanumab reduces Aβ plaques in Alzheimer's disease,' *Nature*, 537(7618), pp. 50–56, 2016.
2) Masters, C. L., Simms, G., Weinman, N. A., Multhaup, G., McDonald, B. L., Beyreuther, K., 'Amyloid plaque core protein in Alzheimer disease and Down syndrome,' *PNAS*, 82(12), pp. 4245–4249, 1985.

3) Goedert, M., Spillantini, M. G., 'A century of Alzheimer's disease,' *Science*, 314(5800), pp. 777–781, 2006.
4) Hardy, J., et al., 'The amyloid hypothesis of Alzheimer's disease: progress and problems on the road to therapeutics,' *Science*, 297(5580), pp. 353–356, 2002.
5) Cummings, J., Lee, G., Ritter, A., Zhong, K., 'Alzheimer's disease drug development pipeline: 2018,' *Alzheimers Dement.* (NY), 4, pp. 195–214, 2018.
6) Sipe, J. D., Cohen, A. S., 'Review: history of the amyloid fibril,' *J. Struct. Biol.*, 130(2–3), pp. 88–98, 2000.
7) Cohen, A. S., Calkins, E., 'Electron microscopic observations on a fibrous component in amyloid of diverse origins,' *Nature*, 183(4669), pp. 1202–1203, 1959.
8) Mander, B. A., Marks, S. M., Vogel, J. W., Rao, V., Lu, B., Saletin, J. M., Ancoli-Israel, S., Jagust, W. J., Walker, M. P., 'β-amyloid disrupts human NREM slow waves and related hippocampus-dependent memory consolidation,' *Nat. Neurosci.*, 18(7), pp. 1051–1057, 2015.
9) Fahn, S., Oakes, D., Shoulson, I., Kieburtz, K., Rudolph, A., Lang, A., Olanow, C. W., Tanner, C., Marek, K., Parkinson Study Group, 'Levodopa and the progression of Parkinson's disease,' *N. Engl. J. Med.*, 351(24), pp. 2498–2508, 2004.
10) Fändrich, M., Fletcher, M. A., Dobson, C. M., 'Amyloid fibrils from muscle myoglobin,' *Nature*, 410(6825), pp. 165–166, 2001.
11) Aso, Y., et al., 'Systematic Analysis of Aggregates From 38 Kinds of Non Disease-Related Proteins: Identifying the Intrinsic Propensity of Polypeptides to Form Amyloid Fibrils,' *Biosci. Biotechnol. Biochem.*, 71 (5), pp. 1313–1321, 2007.
12) de Groot, N. S., Parella, T., Aviles, F. X., Vendrell, J., Ventura, S., 'Ile-phe dipeptide self-assembly: clues to amyloid formation,' *Biophys. J.*, 92(5), pp. 1732–1741, 2007.
13) Dobson, C. M., 'Protein folding and misfolding,' *Nature*, 426(6968), pp. 884–890, 2003.
14) Kollmer, M., et al., 'Cryo-EM Structure and Polymorphism of Aβ Amyloid Fibrils Purified From Alzheimer's Brain Tissue,' *Nat. Commun.*, 10(1), p. 4760, 2019.
15) Marcinkiewicz, M., et al., 'BetaAPP and Furin mRNA Concentrates in Immature Senile Plaques in the Brain of Alzheimer Patients,' *J. Neuropathol. Exp. Neurol.*, 61 (9), pp. 815–829, 2002.
16) Calamai, M., et al., 'Nature and Significance of the Interactions Between Amyloid Fibrils and Biological Polyelectrolytes,' *Biochemistry*, 45 (42), pp. 12806–12815, 2006.
17) Rha, A. K., Das, D., Taran, O., Ke, Y., Mehta, A. K., Lynn, D. G., 'Electrostatic Complementarity Drives Amyloid/Nucleic Acid Co-Assembly,' *Angew. Chem. Int. Ed. Engl.*, 59(1), pp. 358–363, 2020.
18) Wegmann, S., et al., 'Tau protein liquid-liquid phase separation can initiate tau aggregation,' *EMBO J.*, 37(7). e98049, 2018.
19) Patel, A., et al., 'A Liquid-to-Solid Phase Transition of the ALS Protein FUS Accelerated by Disease Mutation,' *Cell*, 162(5), pp. 1066–1077, 2015.
20) Conicella, A. E., et al., 'ALS Mutations Disrupt Phase Separation Mediated by α-Helical Structure in the TDP-43 Low-Complexity C-Terminal Domain,' *Structure.*, 24(9), pp. 1537–1549, 2016.

21) Wegmann, S., et al., 'Tau protein liquid-liquid phase separation can initiate tau aggregation,' *EMBO J.*, 2018;37(7). pii: e98049.
22) Arendt, T., et al., 'Tau and tauopathies,' *Brain. Res. Bull.*, 126(Pt 3), pp. 238–292, 2016.
23) Kato, M., et al., 'A Solid-State Conceptualization of Information Transfer From Gene to Message to Protein,' *Annu. Rev. Biochem.*, 87, pp. 351–390, 2018.
24) Boeynaems, S., Alberti, S., Fawzi, N. L., Mittag, T., Polymenidou, M., Rousseau, F., Schymkowitz, J., Shorter, J., Wolozin, B., Van Den Bosch, L., Tompa, P., Fuxreiter, M., 'Protein Phase Separation: A New Phase in Cell Biology,' *Trends Cell Biol.*, 28(6), pp. 420–435, 2018.
25) Ray, S., Singh, N., Kumar, R., Patel, K., Pandey, S., Datta, D., Mahato, J., Panigrahi, R., Navalkar, A., Mehra, S., Gadhe, L., Chatterjee, D., Sawner, A. S., Maiti, S., Bhatia, S., Gerez, J. A., Chowdhury, A., Kumar, A., Padinhateeri, R., Riek, R., Krishnamoorthy, G., Maji, S. K., '*α*-Synuclein aggregation nucleates through liquid-liquid phase separation,' *Nat. Chem.*, 12(8), pp. 705–716, 2020.
26) Shiraki, K., Mimura, M., Nishinami, S., Ura, T., 'Effect of additives on liquid droplets and aggregates of proteins,' *Biophys. Rev.*, 12(2), pp. 587–592, 2020.

第9章　タンパク質の宇宙

1) Eigen, M., & Gardiner, W., 'Evolutionary molecular engineering based on RNA replication,' *Pure and Applied Chemistry*, 56(8), pp. 967–978, 1984.
2) Chen, K. Q., Arnold, F. H., 'Enzyme engineering for nonaqueous solvents: random mutagenesis to enhance activity of subtilisin E in polar organic media,' *Nature Biotechnology*, 9(11), pp. 1073–1077, 1991.
3) Chen, K., Arnold, F. H., 'Tuning the activity of an enzyme for unusual environments: sequential random mutagenesis of subtilisin E for catalysis in dimethylformamide,' *PNAS*, 90(12), pp. 5618–5622, 1993.
4) Kan, J. S. B., et al., 'Directed evolution of cytochrome c for carbon–silicon bond formation: Bringing silicon to life,' *Science*, 354(6315), pp. 1048–1051, 2016.
5) Smith, G. P., 'Filamentous fusion phage: novel expression vectors that display cloned antigens on the virion surface,' *Science*, 228(4705), pp. 1315–1317, 1985.
6) Marks, J. D., et al., 'By-passing immunization: human antibodies from V-gene libraries displayed on phage,' *Journal of molecular biology*, 222(3), pp. 581–597, 1991.
7) Simons, K. T., Bonneau, R., Ruczinski, I., Baker, D., 'Ab initio protein structure prediction of CASP III targets using ROSETTA,' *Proteins*, Suppl 3, pp. 171–176, 1999.
8) Bradley, P., Misura, K. M., Baker, D., 'Toward high-resolution de novo structure prediction for small proteins,' *Science*, 309(5742), pp. 1868–1871, 2005.
9) Hsia, Y., Bale, J. B., Gonen, S., Shi, D., Sheffler, W., Fong, K. K., Nattermann, U., Xu, C., Huang, P. S., Ravichandran, R., Yi, S., Davis, T. N., Gonen, T., King, N. P., Baker, D., 'Design of a hyperstable 60-subunit protein icosahedron,' *Nature*, 535(7610), pp. 136–139, 2016.

10) Bale, J. B., Gonen, S., Liu, Y., Sheffler, W., Ellis, D., Thomas, C., Cascio, D., Yeates, T. O., Gonen, T., King, N. P., Baker, D., 'Accurate design of megadalton-scale two-component icosahedral protein complexes,' *Science*, 353(6297), pp. 389–394, 2016.
11) Brunette, T. J., Parmeggiani, F., Huang, P. S., Bhabha, G., Ekiert, D. C., Tsutakawa, S. E., Hura, G. L., Tainer, J. A., Baker, D., 'Exploring the repeat protein universe through computational protein design,' *Nature*, 528(7583), pp. 580–584, 2015.
12) Doyle, L., Hallinan, J., Bolduc, J., Parmeggiani, F., Baker, D., Stoddard, B. L., Bradley, P., 'Rational design of α-helical tandem repeat proteins with closed architectures,' *Nature*, 528(7583), pp. 585–588, 2015.
13) Huang, P. S., Feldmeier, K., Parmeggiani, F., Fernandez Velasco, D. A., Höcker, B., Baker, D., 'De novo design of a four-fold symmetric TIM-barrel protein with atomic-level accuracy,' *Nat. Chem. Biol.*, 12(1), pp. 29–34, 2016.
14) Bornscheuer, U. T., Huisman, G. W., Kazlauskas, R. J., Lutz, S., Moore, J. C., Robins, K., 'Engineering the third wave of biocatalysis,' *Nature*, 485(7397), pp. 185–194, 2012.
15) Callaway, E., ''It will change everything': DeepMind's AI makes gigantic leap in solving protein structures,' *Nature*, 588(7837), pp. 203–204, 2020.
16) Jumper, J., et al., 'Highly accurate protein structure prediction with AlphaFold,' *Nature*, 596(7873), pp. 583–589, 2021.
17) Tsang, B., Pritišanac, I., Scherer, S. W., Moses, A. M., Forman-Kay, J. D., 'Phase Separation as a Missing Mechanism for Interpretation of Disease Mutations,' *Cell*, 183(7), pp. 1742–1756, 2020.

第10章　分子の群れを計測する

1) Kendrew, J. C., Bodo, G., Dintzis, H. M., Parrish, R. G., Wyckoff, H., Phillips, D. C., 'A three-dimensional model of the myoglobin molecule obtained by x-ray analysis,' *Nature*, 181(4610), pp. 662–666, 1958.
2) van Heel, M., Frank, J., 'Use of multivariate statistics in analysing the images of biological macromolecules,' *Ultramicroscopy*, 6(2), pp. 187–194, 1981.
3) Frank, J., Zhu, J., Penczek, P., et al., 'A model of protein synthesis based on cryo-electron microscopy of the *E. coli* ribosome,' *Nature*, 376(6539), pp. 441–444, 1995.
4) Bai, X. C., McMullan, G., Scheres, S. H., 'How cryo-EM is revolutionizing structural biology,' *Trends Biochem. Sci.*, 40(1), pp. 49–57, 2015.
5) Behrmann, E., Loerke, J., Budkevich, T. V., et al., 'Structural snapshots of actively translating human ribosomes,' *Cell*, 161(4), pp. 845–857, 2015.
6) Li, N., Zhai, Y., Zhang, Y., et al., 'Structure of the eukaryotic MCM complex at 3.8 Å,' *Nature*, 524(7564), pp. 186–191, 2015.
7) Amunts, A., Brown, A., Toots, J., Scheres, S. H., Ramakrishnan V, 'Ribosome. The structure of the human mitochondrial ribosome,' *Science*, 348(6230), pp. 95–98, 2015.

8) Fibriansah, G., Ibarra, K. D., Ng, T. S., Smith, S. A., Tan, J. L., Lim, X. N., Ooi, J. S., Kostyuchenko, V. A., Wang, J., de Silva, A. M., Harris, E., Crowe, J. E., Jr., Lok, S. M., 'DENGUE VIRUS. Cryo-EM structure of an antibody that neutralizes dengue virus type 2 by locking E protein dimers,' *Science*, 349(6243), pp. 88–91, 2015.
9) Maskell, D. P., Renault, L., Serrao, E., Lesbats, P., Matadeen, R., Hare, S., Lindemann, D., Engelman, A. N., Costa, A., Cherepanov, P., 'Structural basis for retroviral integration into nucleosomes,' *Nature*, 523(7560), pp. 366–369, 2015.
10) Kudryashev, M., Wang, R. Y., Brackmann, M., Scherer, S., Maier, T., Baker, D., DiMaio, F., Stahlberg, H., Egelman, E. H., Basler, M., 'Structure of the type VI secretion system contractile sheath,' *Cell*, 160(5), pp. 952–962, 2015.
11) Clemens, D. L., Ge, P., Lee, B. Y., Horwitz, M. A., Zhou, Z. H., 'Atomic structure of T6SS reveals interlaced array essential to function,' *Cell*, 160(5), pp. 940–951, 2015.
12) Gutsche, I., Desfosses, A., Effantin, G., Ling, W. L., Haupt, M., Ruigrok, R. W., Sachse, C., Schoehn, G., 'Structural virology. Near-atomic cryo-EM structure of the helical measles virus nucleocapsid,' *Science*, 348(6235), pp. 704–707, 2015.
13) Taylor, D. W., Zhu, Y., Staals, R. H., Kornfeld, J. E., Shinkai, A., van der Oost, J., Nogales, E., Doudna, J. A., 'Structural biology. Structures of the CRISPR-Cmr complex reveal mode of RNA target positioning,' *Science*, 348(6234), pp. 581–585, 2015.
14) Li, N., Zhai, Y., Zhang, Y., Li, W., Yang, M., Lei, J., Tye, B. K., Gao, N., 'Structure of the eukaryotic MCM complex at 3.8 Å,' *Nature*, 524(7564), pp. 186–191, 2015.
15) DiMaio, F., Yu, X., Rensen, E., Krupovic, M., Prangishvili, D., Egelman, E. H., 'Virology. A virus that infects a hyperthermophile encapsidates A-form DNA,' *Science*, 348(6237), pp. 914–917, 2015.
16) Zhao, J., Benlekbir, S., Rubinstein, J. L., 'Electron cryomicroscopy observation of rotational states in a eukaryotic V-ATPase,' *Nature*, 521(7551), pp. 241–245, 2015.
17) Dodonova, S. O., Diestelkoetter-Bachert, P., von Appen, A., Hagen, W. J., Beck, R., Beck, M., Wieland, F., Briggs, J. A., 'VESICULAR TRANSPORT. A structure of the COPI coat and the role of coat proteins in membrane vesicle assembly,' *Science*, 349(6244), pp. 195–198, 2015.
18) Wrapp, D., Wang, N., Corbett, K. S., et al., 'Cryo-EM structure of the 2019-nCoV spike in the prefusion conformation,' *Science*, 367(6483), pp. 1260–1263, 2020.
19) Yan, R., Zhang, Y., Li, Y., Xia, L., Guo, Y., Zhou, Q., 'Structural basis for the recognition of SARS-CoV-2 by full-length human ACE2,' *Science*, 367(6485), pp. 1444–1448, 2020.

第11章　相分離スケールの野望

1) Chu, Y. H., Sibrian-Vazquez, M., Escobedo, J. O., Phillips, A. R., Dickey, D. T., Wang, Q., Ralle, M., Steyger, P. S., Strongin, R. M., 'Systemic Delivery and Biodistribution of Cisplatin in Vivo,' *Mol. Pharm.*, 13(8), pp. 2677–2682, 2016.
2) Banerji, J., Olson, L., Schaffner, W., 'A lymphocyte-specific cellular enhancer is lo-

cated downstream of the joining region in immunoglobulin heavy chain genes,' *Cell*, 33(3), pp. 729–740, 1983.

3) Gillies, S. D., Morrison, S. L., Oi, V. T., Tonegawa, S., 'A tissue-specific transcription enhancer element is located in the major intron of a rearranged immunoglobulin heavy chain gene,' *Cell*, 33(3), pp. 717–728, 1983.
4) Sabari, B. R., et al., 'Coactivator condensation at super-enhancers links phase separation and gene control,' *Science*, 361(6400), eaar3958, 2018.
5) Klein, I. A., et al., 'Partitioning of cancer therapeutics in nuclear condensates,' *Science*, 368(6497), pp. 1386–1392, 2020.
6) Jordan, V. C., 'Tamoxifen: a most unlikely pioneering medicine,' *Nat. Rev. Drug Discov.*, 2(3), pp. 205–213, 2003.
7) Nagalingam, A., Tighiouart, M., Ryden, L., Joseph, L., Landberg, G., Saxena, N. K., Sharma, D., 'Med1 plays a critical role in the development of tamoxifen resistance,' *Carcinogenesis*, 33(4), pp. 918–930, 2012.
8) Nozaki, Y., Tanford, C., 'The solubility of amino acids and two glycine peptides in aqueous ethanol and dioxane solutions. Establishment of a hydrophobicity scale,' *J. Biol. Chem.*, 246(7), pp. 2211–2217, 1971.
9) Nomoto, A., Nishinami, S., Shiraki, K., 'Solubility Parameters of Amino Acids on Liquid-Liquid Phase Separation and Aggregation of Proteins,' *Front Cell Dev. Biol.*, 9, 691052, 2021.

第12章　人工生命というアプローチ

1) Gibson, D. G., et al., 'Creation of a bacterial cell controlled by a chemically synthesized genome,' *Science*, 329(5987), pp. 52–56, 2010.
2) Pelletier, J. F., et al., 'Genetic requirements for cell division in a genomically minimal cell,' *Cell*, 184(9), pp. 2430–2440, 2021.
3) Fleischmann, R. D., et al., 'Whole-genome random sequencing and assembly of *Haemophilus influenzae* Rd,' *Science*, 269(5223), pp. 496–512, 1995.
4) Lander, E. S., et al., 'Initial sequencing and analysis of the human genome,' *Nature*, 409(6822), pp. 860–921, 2001.
5) Venter, J. C., et al., 'The sequence of the human genome,' *Science*, 291(5507), pp. 1304–1351, 2001.
6) Nurk, S., et al., 'The complete sequence of a human genome,' *Science*, 376(6588), pp. 44–53, 2022.
7) Venter, J. C., et al., 'Environmental genome shotgun sequencing of the Sargasso Sea,' *Science*, 304(5667), pp. 66–74, 2004.
8) Gibson, D. G., et al., 'Complete chemical synthesis, assembly, and cloning of a *Mycoplasma genitalium* genome,' *Science*, 319(5867), pp. 1215–1220, 2008.
9) Annaluru, N., et al., 'Total synthesis of a functional designer eukaryotic chromosome,' *Science*, 344(6179), pp. 55–58, 2014.
10) Boeke, J. D., et al., 'GENOME ENGINEERING. The Genome Project-Write,' *Science*, 353(6295), pp. 126–127, 2016.

11) Lartigue, C., et al., 'Genome transplantation in bacteria: changing one species to another,' *Science*, 317(5838), pp. 632–638, 2007.
12) Hutchison, C. A., 3rd., et al., 'Design and synthesis of a minimal bacterial genome,' *Science*, 351(6280), aad6253, 2016.
13) Gaucher, E. A., Govindarajan, S., Ganesh, O. K., 'Palaeotemperature trend for Precambrian life inferred from resurrected proteins,' *Nature*, 451(7179), pp. 704–707, 2008.

第13章　細胞内はなぜ高濃度か

1) Kurinomaru, T., Tomita, S., Hagihara, Y., Shiraki, K., 'Enzyme hyperactivation system based on a complementary charged pair of polyelectrolytes and substrates,' *Langmuir*, 30(13), pp. 3826–3831, 2014.
2) Endo, A., Kurinomaru, T., Shiraki, K., 'Hyperactivation of serine proteases by the Hofmeister effect,' *Molecular Catalysis*, 455, pp. 32–37, 2018.
3) Kurinomaru, T., Kameda, T., Shiraki, K., 'Effects of multivalency and hydrophobicity of polyamines on enzyme hyperactivation of α -chymotrypsin,' *Journal of Molecular Catalysis B; Enzymatic*, 115, pp. 135–139, 2015.
4) Miura, N., Shinohara, M., Tatsukami, Y., Sato, Y., Morisaka, H., Kuroda, K., Ueda, M., 'Spatial reorganization of Saccharomyces cerevisiae enolase to alter carbon metabolism under hypoxia,' *Eukaryot Cell*, 12(8), pp. 1106–1119, 2013.
5) Fuller, G. G., Han, T., Freeberg, M. A., Moresco, J. J., Ghanbari Niaki, A., Roach, N. P., Yates, J. R., 3rd., Myong, S., Kim, J. K., 'RNA promotes phase separation of glycolysis enzymes into yeast G bodies in hypoxia,' *Elife*, 9, e48480, 2020.
6) Jin, M., Fuller, G. G., Han, T., Yao, Y., Alessi, A. F., Freeberg, M. A., Roach, N. P., Moresco, J. J., Karnovsky, A., Baba, M., Yates, J. R., 3rd., Gitler, A. D., Inoki, K., Klionsky, D. J., Kim, J. K., 'Glycolytic Enzymes Coalesce in G Bodies under Hypoxic Stress,' *Cell Rep.*, 20(4), pp. 895–908, 2017.
7) Noree, C., Sirinonthanawech, N., Wilhelm, J. E., 'Saccharomyces cerevisiae ASN1 and ASN2 are asparagine synthetase paralogs that have diverged in their ability to polymerize in response to nutrient stress,' *Sci. Rep.*, 9(1), p. 278, 2019.
8) Pedley, A. M., Benkovic, S. J., 'A New View into the Regulation of Purine Metabolism: The Purinosome,' *Trends Biochem. Sci.*, 42(2), pp. 141–154, 2017.
9) Lynch, E. M., Hicks, D. R., Shepherd, M., Endrizzi, J. A., Maker, A., Hansen, J. M., Barry, R. M., Gitai, Z., Baldwin, E. P., Kollman, J. M., 'Human CTP synthase filament structure reveals the active enzyme conformation,' *Nat. Struct. Mol. Biol.*, 24(6), pp. 507–514, 2017.
10) Zhang, Y., Fernie, A. R., 'Resolving the metabolon: is the proof in the metabolite?,' *EMBO Rep.*, 21(8), e50774, 2020.
11) Jang, S., Xuan, Z., Lagoy, R. C., Jawerth, L. M., Gonzalez, I. J., Singh, M., Prashad, S., Kim, H. S., Patel, A., Albrecht, D. R., Hyman, A. A., Colón-Ramos, D. A., 'Phosphofructokinase relocalizes into subcellular compartments with liquid-like properties in vivo,' *Biophys. J.*, 120(7), pp. 1170–1186, 2021.

12) Webb, B. A., Dosey, A. M., Wittmann, T., Kollman, J. M., Barber, D. L., 'The glycolytic enzyme phosphofructokinase-1 assembles into filaments,' *J. Cell Biol.*, 216(8), pp. 2305–2313, 2017.
13) Patel, A., Malinovska, L., Saha, S., Wang, J., Alberti, S., Krishnan, Y., Hyman, A. A., 'ATP as a biological hydrotrope,' *Science*, 356(6339), pp. 753–756, 2017.
14) Zhang, Y., Sampathkumar, A., Kerber, S. M., Swart, C., Hille, C., Seerangan, K., Graf, A., Sweetlove, L., Fernie, A. R., 'A moonlighting role for enzymes of glycolysis in the co-localization of mitochondria and chloroplasts,' *Nat. Commun.*, 11(1), p. 4509, 2020.
15) Yu, H., Jo, K., Kounovsky, K. L., de Pablo, J. J., Schwartz, D. C., 'Molecular propulsion: Chemical sensing and chemotaxis of DNA driven by RNA polymerase,' *Journal of the American Chemical Society*, 131(16), pp. 5722–5723, 2009.
16) Muddana, H. S., Sengupta, S., Mallouk, T. E., Sen, A., Butler, P. J., 'Substrate catalysis enhances single-enzyme diffusion,' *Journal of the American Chemical Society*, 132(7), pp. 2110–2111, 2010.
17) Riedel, C., Gabizon, R., Wilson, C. A., Hamadani, K., Tsekouras, K., Marqusee, S., Pressé, S., Bustamante, C., 'The heat released during catalytic turnover enhances the diffusion of an enzyme,' *Nature*, 517(7533), pp. 227–230, 2015.
18) Zhao, X., Sen, A., 'Metabolon formation by chemotaxis,' *Methods Enzymol.*, 617, pp. 45–62, 2019.
19) Pareek, V., Tian, H., Winograd, N., Benkovic, S. J., 'Metabolomics and mass spectrometry imaging reveal channeled de novo purine synthesis in cells,' *Science*, 368(6488), pp. 283–290, 2020.
20) Samavarchi-Tehrani, P., Samson, R., Gingras, A. C., 'Proximity Dependent Biotinylation: Key Enzymes and Adaptation to Proteomics Approaches,' *Mol. Cell Proteomics*, 19(5), pp. 757–773, 2020.
21) Qian, C., Miao, K., Lin, L. E., Chen, X., Du, J., Wei, L., 'Super-resolution label-free volumetric vibrational imaging,' *Nat. Commun.*, 12(1), p. 3648, 2021.
22) Iserman, C., et al., 'Condensation of Ded1p Promotes a Translational Switch from Housekeeping to Stress Protein Production,' *Cell*, 181(4), pp.818–831, 2020.
23) El-Samad, H., Kurata, H., Doyle, J. C., Gross, C. A., Khammash, M., 'Surviving heat shock: control strategies for robustness and performance,' *PNAS*, 102(8), pp. 2736–2741, 2005.
24) Vecchi, G., Sormanni, P., Mannini, B., et al., 'Proteome-wide observation of the phenomenon of life on the edge of solubility,' *PNAS*, 117(2), pp. 1015–1020, 2020.

第14章　生きている状態の新たな理解

1) Simon, J. R., et al., 'Engineered Ribonucleoprotein Granules Inhibit Translation in Protocells,' *Mol. Cell*, 75(1), pp. 66–75, 2019.
2) Du, M., et al., 'DNA-induced liquid phase condensation of cGAS activates innate immune signaling,' *Science*, 361(6403), pp. 704–709, 2018.
3) Xiao, Q., McAtee, C. K., Su, X., 'Phase separation in immune signalling,' *Nat. Rev.*

Immunol., 22(3), pp. 188–199, 2022.

4) Crick, F., 'Memory and molecular turnover,' *Nature*, 312(5990), p. 101, 1984.
5) Baudry, M., Bi, X., Gall, C., Lynch, G., 'The biochemistry of memory: The 26year journey of a 'new and specific hypothesis''. *Neurobiol. Learn Mem.*, 95(2), pp. 125–133, 2011.
6) Si, K., Lindquist, S., Kandel, E. R., 'A neuronal isoform of the aplysia CPEB has prion-like properties,' *Cell*, 115(7), pp. 879–891, 2003.
7) Si, K., Choi, Y. B., White-Grindley, E., Majumdar, A., Kandel, E. R., 'Aplysia CPEB can form prion-like multimers in sensory neurons that contribute to long-term facilitation,' *Cell*, 140(3), pp. 421–435, 2010.
8) Hervas, R., Rau, M. J., Park, Y., et al., 'Cryo-EM structure of a neuronal functional amyloid implicated in memory persistence in Drosophila,' *Science*, 367(6483), pp. 1230–1234, 2020.
9) Dorone, Y., et al., 'A prion-like protein regulator of seed germination undergoes hydration-dependent phase separation,' *Cell*, 184(16), pp. 4284–4298, 2021.
10) Jung, J. H., et al., 'A prion-like domain in ELF3 functions as a thermosensor in Arabidopsis,' *Nature*, 585(7824), pp. 256–260, 2020.
11) Powers, S. K., et al., 'Nucleo-cytoplasmic Partitioning of ARF Proteins Controls Auxin Responses in Arabidopsis thaliana,' *Mol. Cell*, 76(1), pp. 177–190, 2019.
12) Choi, S. W., et al., 'Light Triggers the miRNA-Biogenetic Inconsistency for De-etiolated Seedling Survivability in Arabidopsis thaliana,' *Mol. Plant*, 13(3), pp. 431–445, 2020.
13) Fang, X., et al., 'Arabidopsis FLL2 promotes liquid-liquid phase separation of polyadenylation complexes,' *Nature*, 569(7755), pp. 265–269, 2019.
14) Rosenzweig, E. S. F., et al., 'The Eukaryotic CO_2-Concentrating Organelle Is Liquid-like and Exhibits Dynamic Reorganization,' *Cell*, 171(1), pp. 148–162, 2017.
15) Wunder, T., Cheng, S. L. H., Lai, S. K., Li, H. Y., Mueller-Cajar, O., 'The phase separation underlying the pyrenoid-based microalgal Rubisco supercharger,' *Nat. Commun.*, 9(1), p. 5076, 2018.
16) Kang, J. Y., et al., 'LLPS of FXR1 drives spermiogenesis by activating translation of stored mRNAs,' *Science*, 377(6607), eabj6647, 2022.
17) Iserman, C., et al., 'Genomic RNA Elements Drive Phase Separation of the SARS-CoV-2 Nucleocapsid,' *Mol. Cell*, 80(6), pp. 1078–1091, 2020.

著者略歴

（しらき・けんたろう）

1970年生まれ．1994年大阪大学理学部卒業，1999年大阪大学大学院理学研究科博士課程修了．博士（理学）．現在，筑波大学数理物質系教授．専門はタンパク質溶液科学．主な著書に『相分離生物学』（2019），編著に『相分離生物学の全貌』（ともに東京化学同人，2020）がある．

白木賢太郎
相分離生物学の冒険
分子の「あいだ」に生命は宿る

2023年 2 月16日　第 1 刷発行

発行所　株式会社 みすず書房
〒113-0033 東京都文京区本郷 2 丁目 20-7
電話 03-3814-0131(営業) 03-3815-9181(編集)
www.msz.co.jp

本文組版　キャップス
本文印刷　萩原印刷
扉・表紙・カバー印刷所　リヒトプランニング
製本所　松岳社
装丁　細野綾子

ISBN 978-4-622-09586-6
[そうぶんりせいぶつがくのぼうけん]